Bear Grylls

贝尔探险智慧书

[英] 贝尔·格里尔斯 著 黄永亮 译

自序

自古以来人们就扬帆出海，搜寻新的岛屿，进行冒险体验。海洋有时候狂暴不羁、不可预测、凶险万分，然而，这也正是其吸引人们积极探索海洋的魅力所在。无论你多么努力地制订航海计划，都不会有两次航海经历完全一样，而且你永远不知道自己将会遭遇什么！我很小的时候就很喜欢出海的冲动感觉，而且我沿着以往英勇冒险家的足迹，幸运地顺利完成了若干次海上航行。

航行规模大小不一，小的可以是在湖面上划独木舟，大的可以是长达数月的乘船环球航行。无论你的航海计划多么简单，时刻勿忘安全第一！

海面的空气和咸咸的水沫扑面而来，这种感觉真是无与伦比。

海洋已经存在了数十亿年，然而它们无时无刻不在变化。在过去的几十年中，由于全球气候变暖，极地冰盖一直在融化，海平面一直在上升。这一现象尽管为人类提供了新的探险胜地，但是对于地球环境而言却是毁灭性的，因此，关爱环境，我们责无旁贷。

目 录

·Contents·

贝尔丨驾驶充气艇，横渡冰冷的北大西洋

为了替特别慈善机构募集资金，“站在食物链顶端的男人”贝尔决定召集伙伴，驾驶充气艇横渡北大西洋。一路上，他们面临惊涛巨浪、晕船症、低体温症、气力不继以及不断恶化的天气，最可怕的是，距离陆地还有160千米时，他们的燃料几乎消耗殆尽，是继续前进还是发出求救信号等待救援？贝尔会做出什么决定？

海尔达尔丨乘仿古木筏，远航太平洋

为了证明波利尼西亚人来自南美洲秘鲁的说法，海尔达尔决定驾驶自制的仿古木筏，从东向西跨越太平洋。海尔达尔在做了充分的航行准备后，靠着洪堡洋流的推动，利用没有安装发动机的木筏，顺风漂入太平洋。一路上，他会遭遇什么奇形怪状的海洋生物，经历什么样的惊险时刻呢？

奇切斯特丨驾驶游艇，独自环球航行

64岁且身患癌症的奇切斯特，为了实现沿着古老的快帆船路线环球航行的梦想，孤身一人驾驶着他的双桅纵帆船，挑战在100天里从普利茅斯航行到悉尼。不利的风向，自动转向工具遭到近乎灾难性的损坏……他还能完成这个自我挑战吗？

麦哲伦 | 开启人类第一次环球航行

在500年前的西班牙，年轻的国王查尔斯一世委派麦哲伦去寻找传说中通往东南亚的新航道。麦哲伦带领一支由5艘船和277名船员组成的船队从大西洋出发。一路上，他们经历风暴、哗变、疾病、绝望、冲突、谋杀等。麦哲伦能带领大家找到新航道，顺利返回故土吗？

扬帆启航

对广阔世界所知甚少的欧洲人直到15世纪初才眼界大开——当时的探险家开辟了绕过非洲最南端，到达亚洲“香料群岛”（今马鲁古群岛）的海上通道。到了1492年，克里斯托弗·哥伦布从西班牙向西航行，成为第一个到达美洲“新大陆”的欧洲人。20年后，西班牙国王查尔斯一世委派斐迪南·麦哲伦——一位来自葡萄牙的经验丰富的船员——执行名为“埃尔帕索”的向西探索海上通道的任务，这次航行的目标是经过美洲“新大陆”抵达东南亚的“香料群岛”。麦哲伦几乎不知道他即将开启的是人类第一次环球航行。1519年9月，一支由5艘船和277名船员组成的船队从大西洋出发了。事实上，只有1艘船和18名幸存者在历经叛乱、危险和艰难困苦之后，最终完成了这次环球航行。

麦哲伦率领的5艘船分别名为“特里尼达号”“圣安东尼奥号”“康赛普西翁号”“维多利亚号”“圣地亚哥号”。“维多利亚号”是唯一完成这次环球航行的船只。

斐迪南·麦哲伦

作为一名年轻的船长，麦哲伦与葡萄牙国王曼纽尔在朝堂上争论并受到其训斥。心生厌恶的麦哲伦离开祖国来到西班牙，效命于年仅17岁的新国王查尔斯一世。

安东尼奥·皮加费塔

安东尼奥·皮加费塔是一位年轻的意大利贵族，自愿加入这次探险。在三年的航行中，他坚持写日志，记录发生的事件和见闻。他是幸存的18人之一，他保存的日志向人们提供了这次航海的很多信息。

辞别西班牙

麦哲伦用国王提供的资金购置了5艘船。由于麦哲伦是葡萄牙人，有几名军官憎恨他，迫使他雇用不称职的西班牙船长。当船队出发时，三名船长密谋杀害麦哲伦并夺取他的指挥权。

贝尔的话

作为葡萄牙皇宫里的一名年轻侍从，麦哲伦习得了航海、天文知识和绘图能力——这是完成环球航行壮举的必备技能。

地理大发现时代

当时香料在欧洲大受追捧，但是只有富贵之家才用得起。从东方运输香料需要陆地和海上的数月艰难行程。每个关卡都向商人征税，同时还有海盗和窃贼虎视眈眈，伺机打劫。等到一包香料到达威尼斯，售价已经是最初购买价格的百倍，香料的价格甚至贵过黄金。香料贸易的巨大吸金能力促使以航海业为主的国家开发快速抵达亚洲的海上航线。关于“埃尔帕索”航道（绕道南美洲的可能通道）的传言散播开来后，麦哲伦受到启发，计划为西班牙向西开辟一条新的海上航道。

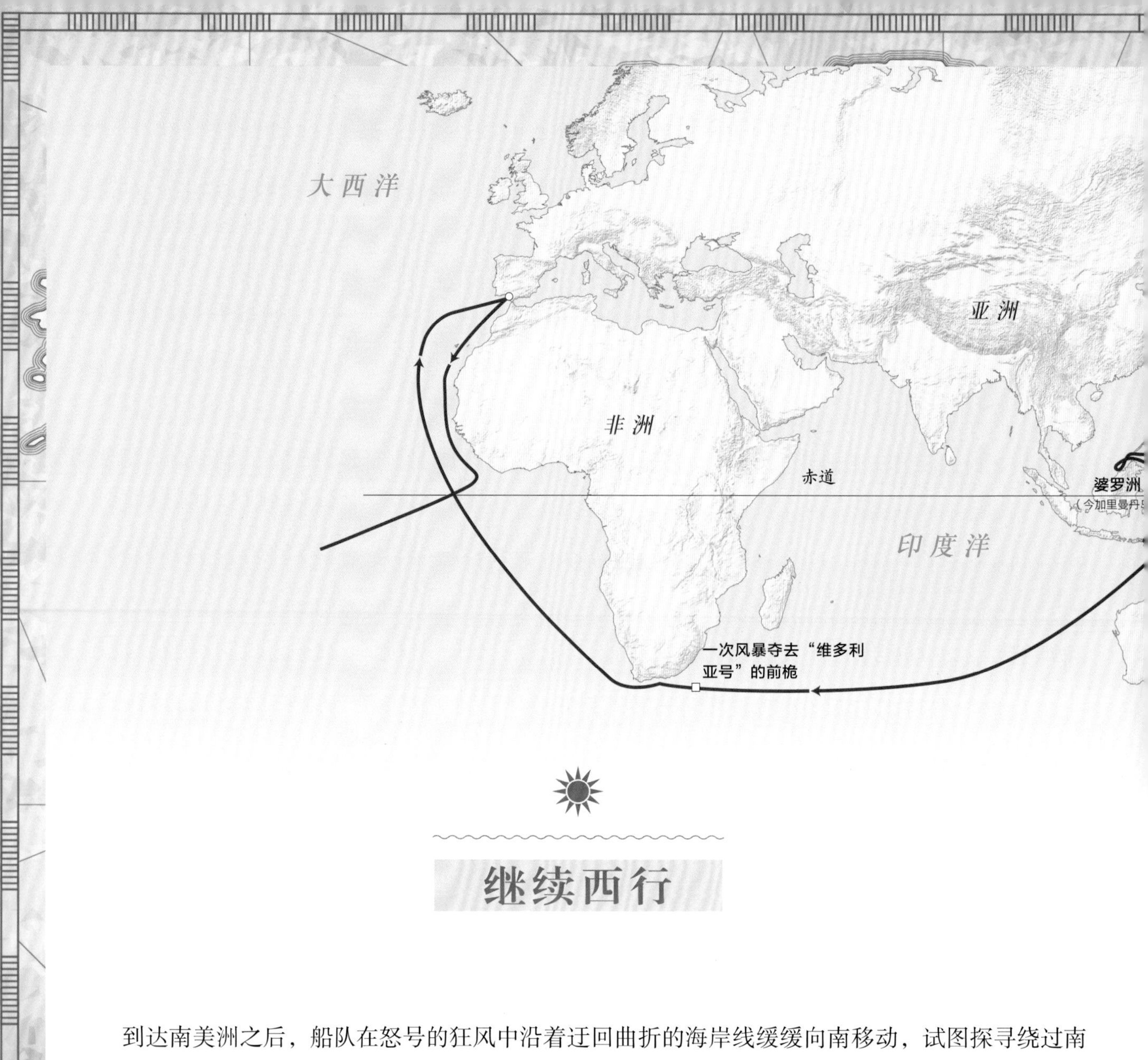

继续西行

到达南美洲之后，船队在怒号的狂风中沿着迂回曲折的海岸线缓缓向南移动，试图探寻绕过南美大陆的航道。气温降至冰点，风暴肆虐，摧残着船队。在圣胡利安港度过凄惨的冬季之后，一场猛烈的风暴摧毁了“圣地亚哥号”。机缘巧合，还有一阵狂风将两艘船吹得偏离航线，误入一条狭窄的水道，后来水道逐渐变宽，这竟然是一个潮汐咸水通道——他们找到了继续西进的“埃尔帕索”海上通道。这条水道就是现在的麦哲伦海峡，他们在海峡里向西行驶了两周。当麦哲伦出了海峡转而向北看到一片开放水域的时候，他认为香料群岛已经不远了。没人想到，他们面前的是世界第一大洋。

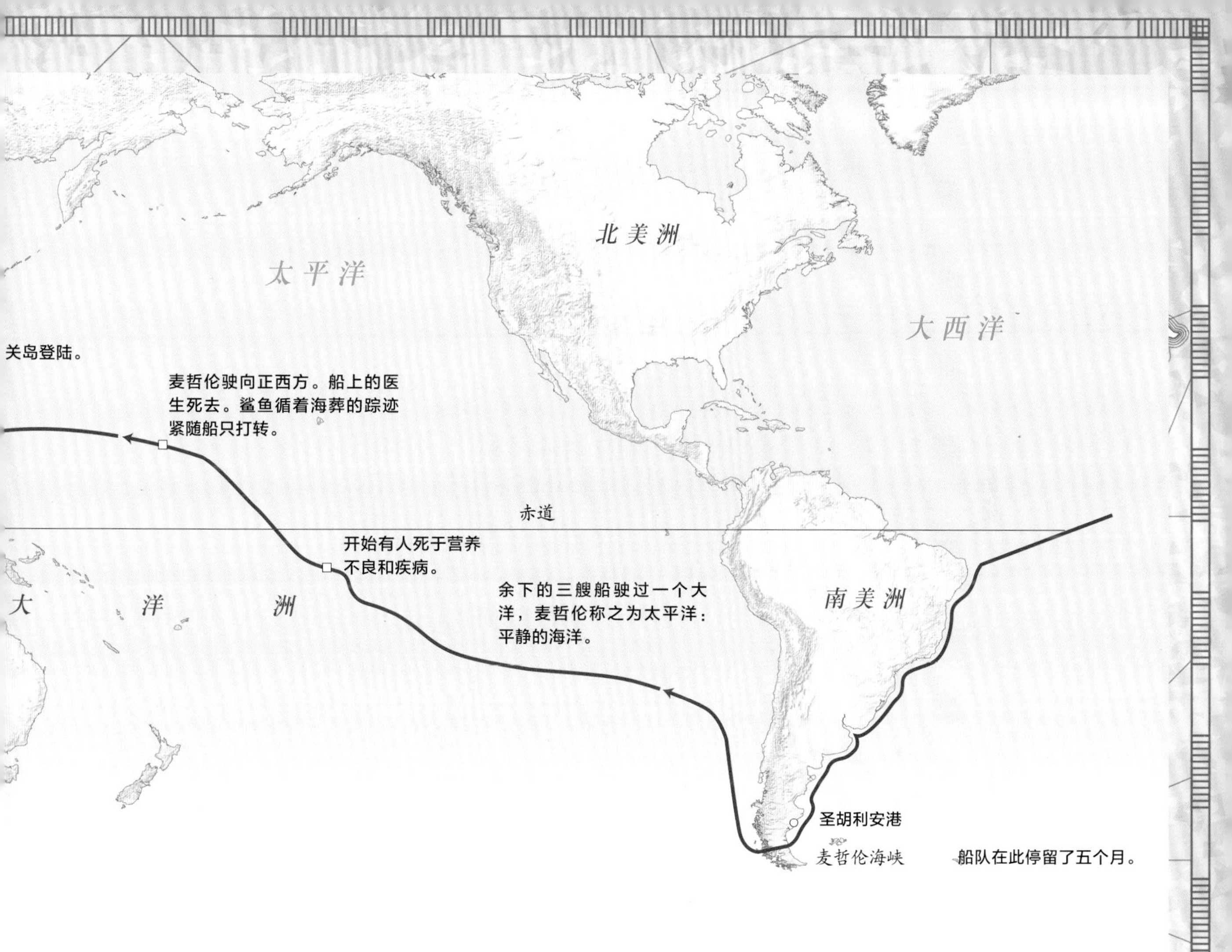

几经叛乱

当麦哲伦宣布要在凄凉荒芜的圣胡利安港寻求庇护、减少食物配额度过严冬时，很多船员表示抗议。麦哲伦毫不动摇，坚持己见。复活节那天，30名叛乱分子控制了“康赛普西翁号”“圣安东尼奥号”“维多利亚号”，决定返航回国。但最终麦哲伦重新控制了“维多利亚号”，并封锁了港口，迫使叛乱分子屈服。发生第三次哗变时，麦哲伦绞死了两名船长，并将另外两名叛乱头目抛到岸上。

脱离船队

通过海峡时，麦哲伦指派“圣安东尼奥号”前去侦察一个岛屿，该船船长抓住这个机会抛弃了麦哲伦，返回了西班牙。更糟糕的是，“圣安东尼奥号”离开的时候带走了很多物资。

巴塔哥尼亚全貌

巴塔哥尼亚涵盖南美洲南部的广袤地区，西邻巍峨的安第斯山脉，东部是茫茫草地和沙漠，南端是“火地岛”。

麦哲伦海峡

麦哲伦海峡长达570千米，连通太平洋和大西洋，最先由麦哲伦发现并顺利通过。麦哲伦海峡风向多变，通道狭窄，对于通航船只而言是一条艰难的海上航线。

贝尔的话

1979年，美国游泳健将林恩·考克斯成为第一个横游麦哲伦海峡的人。

船员们看到的一些动物令他们备感新奇。他们将长着浓毛长牙、狂吠不已的海狗误认作象海豹了。

狂野的风暴

风暴连续肆虐了几天，船队奋力挣扎。风暴将“圣安东尼奥号”和“康赛普西翁号”与其他船只冲散了。当这两艘船最终返回时，两位船长兴高采烈地描述了他们被吹入一个水道的经过，这条水道渐行渐宽，竟是一条潮汐通道。

天降灾难!

在圣胡利安港过冬期间，麦哲伦担心受到原住民攻击，便指派“圣地亚哥号”向南寻找一个较为安全的港口。返回途中，“圣地亚哥号”被一场风暴摧毁，所幸船上人员获救。随后，“圣安东尼奥号”脱离船队，余下的仅有“特里尼达号”“康赛普西翁号”“维多利亚号”。

麦哲伦企鹅

船员们捕捉到一种新奇的鸟类，它们栖息在沿南美洲南部海岸的洞穴和灌木丛中。新鲜的企鹅肉为船员们单调而又乏味的食谱增添了一道大受欢迎的美味佳肴。

穿越世界第一大洋

赤道地区的高温使船队的食物和饮用水迅速腐烂变质。途经小岛时可以补给雨水和食物，但是，一旦这些补给品耗尽，情况就会万分危急。极其不幸的是，麦哲伦跨越太平洋的路线绕过了仅有的两座岛屿。有的船员死于坏血病和营养不良。鲨鱼尾随船只，等着饱餐死尸。饥饿不堪的船员身体变得日渐虚弱，以至于船队抵达关岛时，岛上居民竟然登船自行取走船上装备。麦哲伦因此将关岛称为“盗贼之岛”。危急之下，船队在关岛附近一座岛屿登陆，采集椰子，捕捉牲畜。麦哲伦的船队遭到100艘独木战舟的驱逐。在茫茫太平洋上历经悲惨的四个月，麦哲伦转而南下到达菲律宾群岛，并宣称其归西班牙所有。麦哲伦与宿务岛上的一位有权势的酋长交好，甚至说服他信仰基督教。一场可怕的悲剧很快就拉开了序幕。

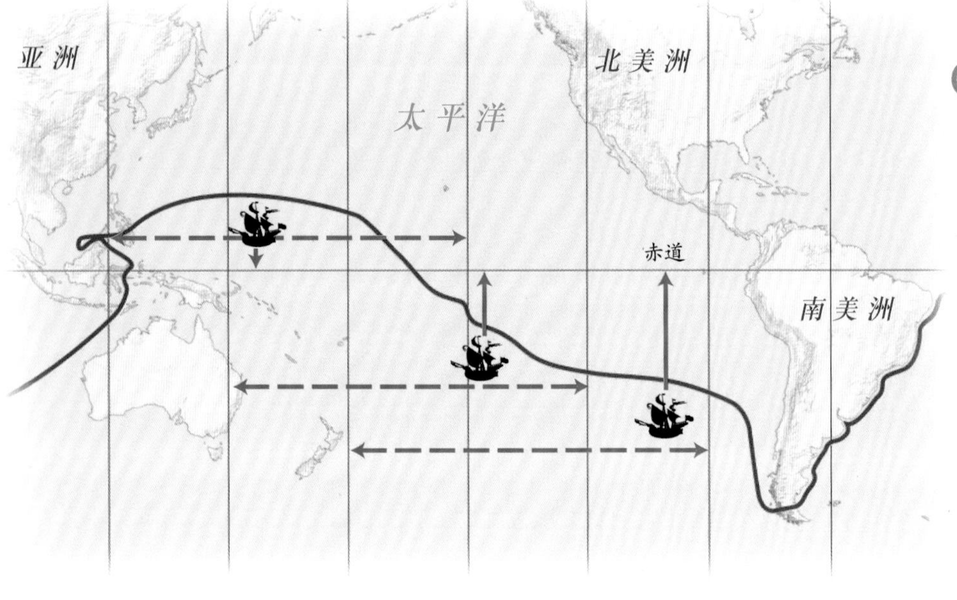

百日穿越太平洋

由于没有计算经度（自东至西的距离）的精确方法，麦哲伦无法知道向西航行了多远，或者前方余下多少路程。他认为香料群岛距他不会太远，于是选择了向西北方向航行，并预计一周或两周就能到达。

萨马岛
1521年3月9日
麦哲伦在此登陆。
班塔延岛
帕诺岛
莱特岛
莱特湾
霍蒙洪岛
麦克坦岛
宿务岛
迪纳加特岛
玻尔岛
内格罗斯岛
1521年4月27日
麦哲伦命丧此地。
棉兰老海
棉兰老岛

抵达菲律宾

麦哲伦之前曾经穿过印度洋向东航行抵达香料群岛，然后沿着原路返回欧洲。但在1521年，麦哲伦带着他的船队成为沿着不同方向，跨越太平洋抵达香料群岛的第一批欧洲人。

麦哲伦十字架

麦哲伦在宿务岛上竖立起了一个基督教十字架。在一次盛大的仪式中，胡玛邦酋长作为当地最高统治者率领800名岛民接受洗礼，成为基督教徒。这位酋长下令，所有岛民要么信仰基督教，要么接受严厉惩罚。

麦哲伦之死

麦哲伦率领60人登上麦克坦岛，企图惩罚岛上酋长，因为该酋长拒不接受基督教。麦哲伦一行遭到愤怒村民的攻击，然而，船上留守船员坐视不救。麦哲伦等人被迫撤退，麦哲伦本人也死于标枪。麦哲伦死后，余下的120人已经不足以装备三艘船。埃尔卡诺和埃斯皮诺萨两位船长将“康赛普西翁号”毁沉，并销毁麦哲伦的记录，接替他的领导地位。他们将船员分配至余下的两艘船：“特里尼达号”和“维多利亚号”。

贝尔的话

早期的航海家依赖星星指引航向。路过太平洋时，麦哲伦及其船员观察到两个星系（一群明亮的星星），现今命名为麦哲伦星云。

返回西班牙

在新船长的领导下，"特里尼达号"和"维多利亚号"的船员们堕落为残忍的强盗，他们从菲律宾到香料群岛一路抢劫杀戮。到了蒂多雷岛，他们满载珍贵的丁香，然后两艘船分道扬镳。这支船队的旗舰船只——"特里尼达号"，穿越太平洋向西北航行，并在一次风暴中幸免于难。船长和幸存船员返回香料群岛，最后被葡萄牙人俘虏。"维多利亚号"在埃尔卡诺船长的带领下向西航行，绕过非洲南端，穿过危险的葡萄牙海域——不敢靠近海岸获取新鲜补给。漫漫归途与茫茫太平洋一样让人备受煎熬：船员们在波涛汹涌的大海里抗争，有的船员死于疾病和饥饿。1522年9月，相对较小的"维多利亚号"万里迢迢，饱经磨难，历时三年，终于在西班牙塞维利亚靠岸，回到这次环球航行的原点，当时船员仅剩18人。

菲律宾宿务市的麦哲伦纪念碑。

皮加费塔的日志于1524年公开发表之后，人们开始认识到麦哲伦的功绩。现在，麦哲伦被视为改变人类认识世界方式的伟大探险家之一。

信风和赤道无风带

逆风航行对于早期的船只而言是个问题，所以需要顺着主导风向制定航线。赤道水域由于少风而被称为“赤道无风带”。在赤道的北侧和南侧，季风可能由西向东刮，而信风通常由东向西刮。

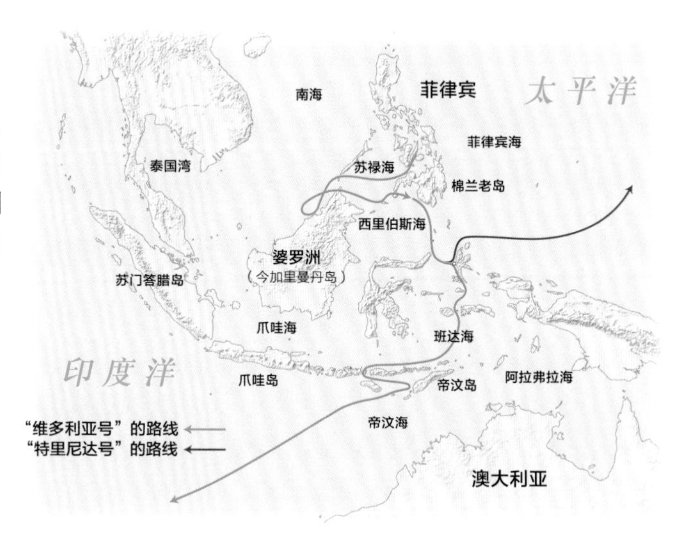

麦哲伦的遗产
“维多利亚号”成为第一艘环球航行的船
最先穿过麦哲伦海峡
船上成员观察到欧洲科学尚未记载的动物
航行太平洋的第一批欧洲人
船上成员发现两个星系——现今命名为麦哲伦星云
完成绕地球一周的完整航程：40075千米
提出制定国际日期变更线的需求
麦哲伦绘制的航线成为早期著名航海家的指南

船遭破坏

埃斯皮诺萨不顾已发现的船员蓄意破坏船只留下的痕迹，指挥“特里尼达号”向东行驶，试图通过太平洋返回西班牙。但是，风暴迫使他们回到香料群岛，在这里他被葡萄牙人俘虏并监禁。

麦哲伦船队

“维多利亚号”是麦哲伦率领的船队中最小的一艘，也是唯一完成这次环球航行的船。船长埃尔卡诺曾在圣胡利安港参与叛乱，不过他也是一位技术高超的船长。仅有18人完成这次惊心动魄的环球航行安全回国，其中包括皮加费塔。

“圣地亚哥号”
——毁于风暴

“圣安东尼奥号”
——脱离船队

“康赛普西翁号”
——人为毁沉

“特里尼达号”
——被敌俘虏

“维多利亚号”
——胜利归国

库克船长 | 为寻新大陆，三下太平洋

在250多年前的英国，39岁的领航员库克受命指挥“奋进号”，他此次前去探索太平洋有三项任务，一是在塔希提岛观察金星凌日，二是携有探索新大陆的密令，三是调查新发现的岛屿。库克为此次航行做了哪些准备？他能否顺利完成这三项任务呢？

开端

自1513年西班牙征服者率先到达太平洋东岸，欧洲人就开始探索太平洋了。早期的探索动机纯是出于利益，西班牙与北太平洋海域的亚洲国家建立了稳定的贸易关系。早期一些向南推进的太平洋航海行动未能找到有价值的贸易项目，所以赤道以南的太平洋海域基本被人忽视。太平洋极其广阔，漫长的航海途中船员可能患坏血病，导航技术原始落后，风向与洋流有时不利，船只设计不够合理，等等，所有这些都是进一步探索太平洋的重大障碍。但是，到了18世纪50年代，导航技术明显改善，利用风向的能力有所增强等综合条件，使得远程航海成为可能；同时，人们对世界的好奇心日益增强，这重新激起航海家们探索太平洋的兴趣。探索太平洋的黄金时代——为了科研目的而非追逐利益——开启了！

南方大陆

自1764年开始，一系列英国船只分别在海军准将约翰·拜伦、船长塞缪尔·沃利斯和中尉菲利普·卡特里特的带领下，奉命寻找南方大陆。约翰·拜伦沿对角线穿越太平洋却一无所获。菲利普·卡特里特向南航行并且证实，如果南方大陆存在，则必定比想象中的还要偏南。塞缪尔·沃利斯向北探索，于1767年意外发现了塔希提岛。同年，一支法国探险队随后也在该岛登陆。

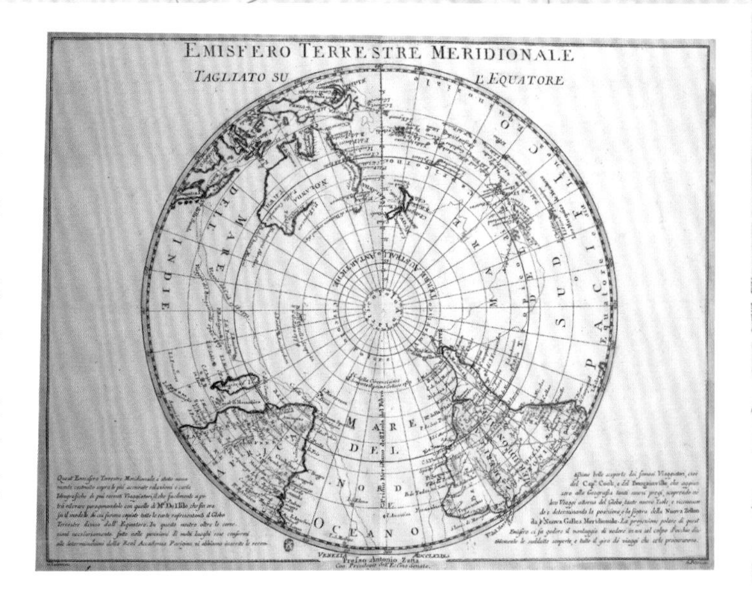

沃利斯在塔希提

塞缪尔·沃利斯最初登陆塔希提岛时与岛民的关系十分紧张，在攻击登陆船只的战斗中很多岛民身亡。然而，该岛食物充足，岛民后来变得友善，促使英国海军部决定将塔希提岛作为詹姆斯·库克的远征探险队的基地。

万事俱备

詹姆斯·库克的太平洋首航有三大目标。第一，在塔希提岛上精确观察金星（行星）掠过太阳的轨迹，他们认为在地球上不同地点的观察结果有助于科学家计算太阳与地球之间的距离。第二，库克携有探索南方大陆的密令。保密是因为西班牙对其他国家探索太平洋的行动过于敏感，西班牙将太平洋视为“西班牙的湖”。第三，调查新发现的岛屿，并报告岛上的居民、植物和动物情况。詹姆斯·库克勘察纽芬兰岛时还不是被正式委任的军官，这次是被任命的探险队指挥官。年轻富有的科学家约瑟夫·班克斯说服英国海军部允许他参与这次科学探险。尽管出身背景不同，但库克和班克斯彼此敬重对方的专业经验，合作融洽。

詹姆斯·库克

詹姆斯·库克的职业生涯开始于在一艘运煤船上服役。库克26岁时加入英国皇家海军，成为一名干练的水兵。他是一位出类拔萃的海员、领航员和勘测员。詹姆斯·库克受命指挥“奋进号”并晋升中尉时才39岁。

约瑟夫·班克斯

约瑟夫·班克斯对植物学兴趣浓厚。他聘请了两位美术家、两位博物学家以及四位随从人员。一位同事写道：“对于自然历史研究而言，再没有比他们更合适的团队了。”

贝尔的话

约瑟夫·班克斯被不公平地奚落为“纨绔子弟”——很闲很有钱，只会寻欢作乐。

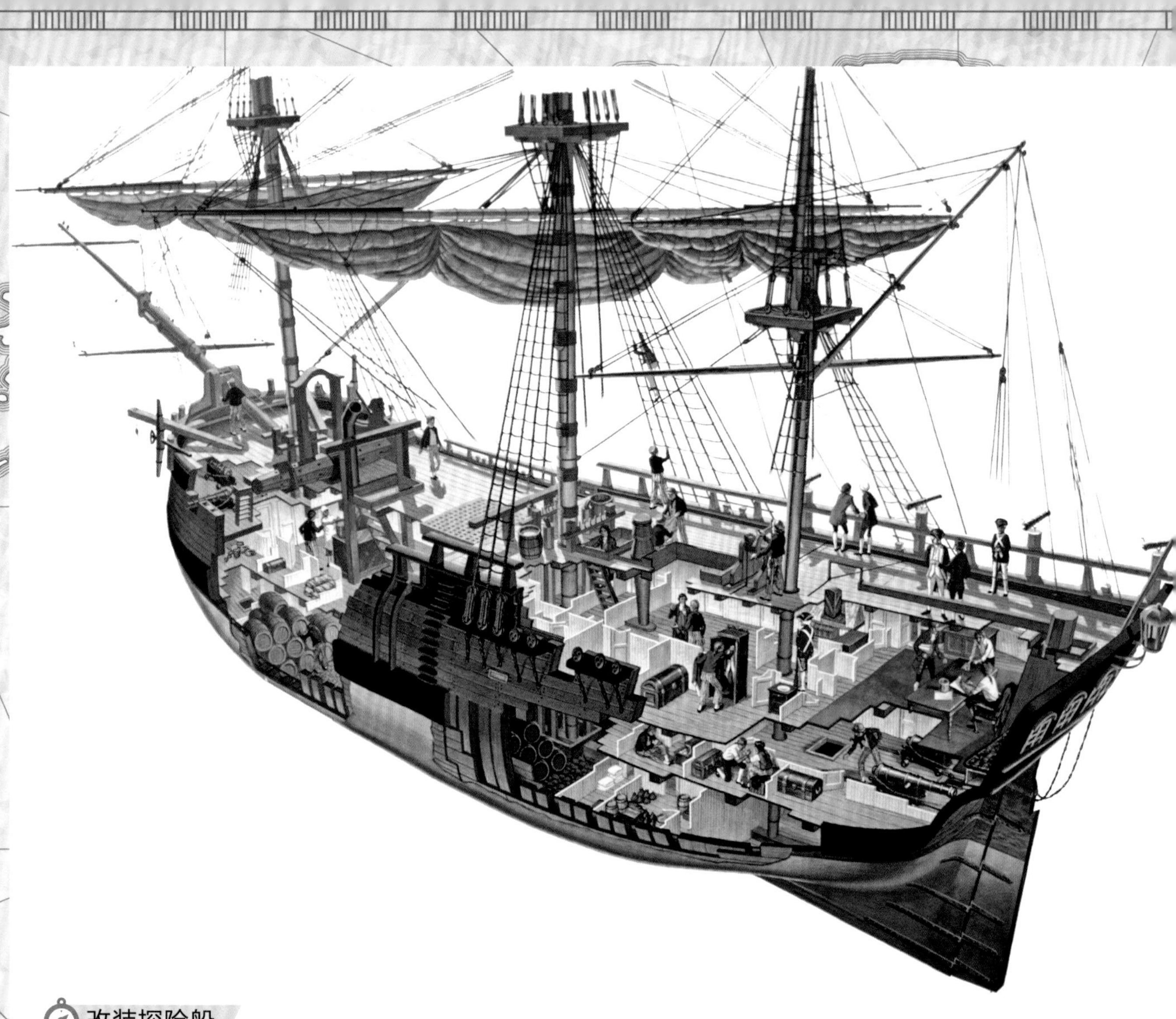

改装探险船

詹姆斯·库克使用的船最初是一艘双桅横帆运煤船，名为“彭布罗克伯爵号”，后来针对探险行动加以改装，重新命名为“奋进号”。运煤船的显著特征是坚固、宽敞，载重能力强，可在浅水区域航行，搁浅时能立直。这些特点使它成为航海探险的理想工具，不过需要加以改装。船尾加装一根桅杆，这样更易于操纵。作为运煤船，“彭布罗克伯爵号”的船员数量为15名；改为“奋进号”探险船之后，可容纳的船员数量超过100名。另外加设一道甲板，但是甲板之间的头顶空间非常有限，以至于人们走动时弯腰低头的程度是普通船只的两倍。最轻松、最宽敞的舱室是船长所在的控制室，位于船尾，科学家们也在这里工作。“奋进号”的成功使得运煤船在之后的40年中都是探险队航海探险的首选。

“奋进号”档案	
原始建造	菲什伯恩造船厂，惠特比，英国，1765年
探险改装	德特福德造船厂，英国，1768年
购买价格	2800英镑
改装成本	5394英镑
长度	32.3米
船宽（宽度）	8.92米
枪炮	6×2千克加农炮，8×回转炮
载重	350吨
船员数量	100人以上

贝尔的话

海上航行一直困难重重，因为没有路标帮助船只辨路识途，而且大风可能将船吹偏航道。很多船只因为导航不善而迷航不归。

申请仪器

詹姆斯·库克的主要任务是观察金星凌日，不过他还希望绘制精确的新海岸线地图。在写给英国海军部的信中，他要求提供最先进的测绘仪器。

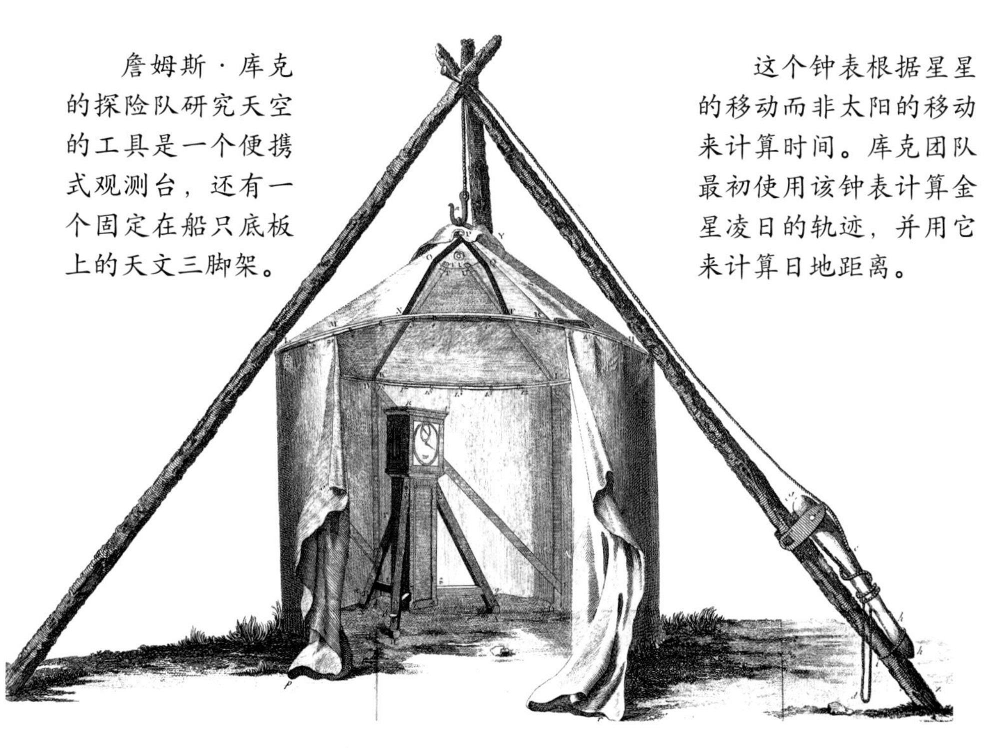

詹姆斯·库克的探险队研究天空的工具是一个便携式观测台，还有一个固定在船只底板上的天文三脚架。

这个钟表根据星星的移动而非太阳的移动来计算时间。库克团队最初使用该钟表计算金星凌日的轨迹，并用它来计算日地距离。

塔希提岛

1768年8月25日，“奋进号”离开英国，绕过合恩角驶入太平洋。他们在火地岛短暂停留，在这里，约瑟夫·班克斯的两名随从一夜之间被冻死。然后，他们向塔希提岛航行，并于1769年4月13日抵达。相比于之前的航海家，詹姆斯·库克的导航更为精确，因为他会使用最先进的天文表，可以通过行星在夜空中的位置计算航行距离。即使如此，其跨越太平洋的航行也是令人钦佩的壮举。他们在塔希提岛逗留了三个月，观察了金星凌日，并与当地岛民建立了良好的关系——只是偶尔以武力侵犯了岛民。库克绘制了塔希提岛的地图，详细描述了该岛及其居民的状况。班克斯还采集了260种欧洲科学界尚不知晓的植物。

库克的首次环球航行，他驾驶的“奋进号”将离开英国本土近三年时间。

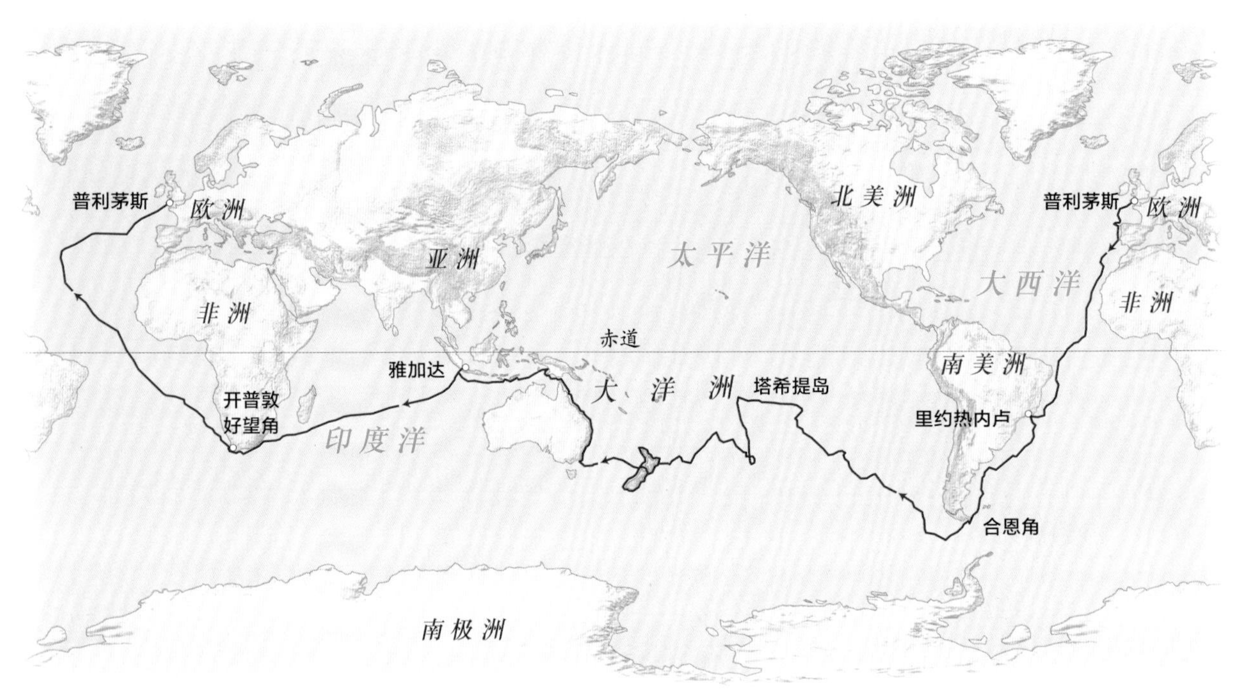

观察金星凌日

金星凌日的发生时间是6月3日，而在此之前的几天，詹姆斯·库克惊恐地发现丢失了一件重要仪器——天文象限仪失窃了。最后，天文象限仪被找回了，天文观测在模糊的条件下进行。金星凌日持续了6小时。詹姆斯·库克和“奋进号”上的天文学家查尔斯·格林分别读取一组数值，在岛上不同地点也进行了观测记录。岛上的观测结果各不相同，世界各地的观测结果也有出入。

金星凌日的观测记录，1639年绘制。

塔希提岛的独木舟

詹姆斯·库克被塔希提岛上的独木舟深深吸引，他断定岛上居民“驾驭独木舟进行了长距离航行，否则他们不会那么了解……这些海洋”。

安然停泊

“奋进号”在火地岛成功湾停靠了五天，这是英国人和火地岛人的第一次长时间接触。

“奋进号”的航海发现使原来不为人知的塔希提岛成为举世闻名的天堂之岛。和任何文化一样，它也有阴暗的一面，但是这些阴暗面在早期的报道中基本被忽略了。

南半球海岛

在塔希提岛上的和平时光，标志着詹姆斯·库克作为尽量避免使用武力的人道主义探险家声望日隆。这一点将在新西兰进行验证。离开塔希提岛时，詹姆斯·库克带着英国海军部关于寻找南方大陆的密令，而关于南方大陆，沃利斯船长错误地报告为从塔希提岛向南，极目远眺隐约可见。库克努力搜索却一无所获，后来将搜索目标西移，试图寻找新西兰的海岸。在此之前的1642年，荷兰航海家亚伯·塔斯曼曾经发现新西兰海岸的一小部分。也许那就是南方大陆的一部分，但是经过六个月的勘察，库克证实新西兰只是由两个大岛组成。

面包果树

船员们在海上航行时十分恐惧坏血病。这种疾病会导致口腔溃疡、掉牙、牙龈腐烂与出血，最终不治身亡。致病原因是缺乏新鲜水果和蔬菜。塔希提岛的热带气候使其盛产水果蔬菜，其中最引人瞩目的就是面包果树。詹姆斯·库克在一篇报告中写道，面包果是面包的绝佳替代品。

娴熟的绘图师

詹姆斯·库克使用一种独创的“行进测量法”绘制新西兰海岸线地图，即在岸上记录显著地标的罗盘方位角，同时记录“奋进号”的航线与速度。

新海岸线

随着詹姆斯·库克绘制出详尽的新西兰海岸线地图，船员们得以看到岛屿全貌。这令他们感到耳目一新。

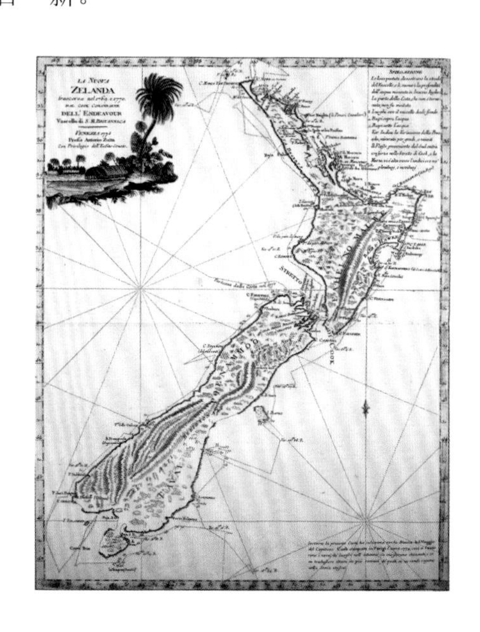

遭遇毛利人

首次遭遇原住民毛利人时，船员们与毛利人发生了激烈争斗，有的船员死于非命。詹姆斯·库克努力建立较为和平的关系。库克发现，毛利人说的语言类似塔希提人，这是他对这片波利尼西亚人居住的广阔土地的最初模糊印象。到访的欧洲人在日志和素描中记录了毛利人的生活与文化，包括他们精致的文身、大独木战舟、狗皮大衣等。

伟大的航海家

詹姆斯·库克曾经自我描述为“一个为国效力不遗余力的普通人”。他在日志中很少谈论自己以及自己的情感，现今也未存任何一封他寄给妻子的信。没人知道是什么力量驱使他进行那些著名的航行以及他本人对航行的感受，也没人知道是什么力量鼓舞他从农家子弟跃身成为英国皇家海军上校舰长及民族英雄。

自古以来，波利尼西亚人都是航海专家。他们能够借助星星的位置、海风和洋流的方向进行导航。这些技巧代代相传。

广阔的太平洋

太平洋是世界第一大洋，覆盖地球表面近三分之一的面积。太平洋的面积大于世界上所有陆地面积的总和，太平洋海域分布的岛屿数量超过其他大洋分布的岛屿总和。波利尼西亚人经过一系列非凡的航海行动，才万里迢迢来到太平洋的这块广阔区域繁衍生息——现今称为波利尼西亚大三角地区。不过，欧洲人几乎不知道这一地区的众多岛屿。库克依照密令绕过合恩角，这是英国船只进入太平洋的常规路线。但是，先前的船只航向都向北偏，以便利用赤道附近的东风，因此错过了群岛；而库克的路线直接指向波利尼西亚群岛。

珊瑚礁

太平洋的很多岛屿，例如，塔希提岛，都被珊瑚礁环绕着，如此就在珊瑚礁和岛屿之间形成了遮蔽的抛锚地。珊瑚这种生命有机体无法在淡水中存活，因此，在河流入海的地方，珊瑚礁壁就会出现缝隙，从而为船只提供一个入口。

纪念雕像

詹姆斯·库克在世界各地有多座雕像。例如，这一雕像（上图）矗立在澳大利亚海岸线的东北角、奋进河河口附近的库克敦小镇的浅滩上。该雕像是为了纪念詹姆斯·库克在此登岸修理船只。

仿制“奋进号”

詹姆斯·库克的“奋进号”在美国独立战争期间作为运输船结束了它的服役生涯，1778年在罗得岛附近被英国人毁沉。1994年，澳大利亚仿造了一艘“奋进号”并投入使用。目前，它被陈列在位于悉尼达令港的澳大利亚国家海事博物馆中。

贝尔的话

詹姆斯·库克是绘图专家。他18世纪60年代绘制的加拿大海岸线地图十分精确，以至于200年后仍在使用。

北美洲
大西洋
北回归线
北太平洋
太平洋
赤道
南美洲
库克在塔希提岛登陆的日期比金星凌日的发生日期提前将近八周。
社会群岛
塔希提岛
南回归线
利用先进的导航技术，库克能够从合恩角直奔塔希提岛。
由于天气恶劣，库克认为，向南寻找南方大陆的努力已经达到极限，因此他转向新西兰。
南太平洋
火地岛
德雷克海峡
南极圈

科学发现

约瑟夫·班克斯写道："所有以往南方海域的探险航行都是为了促进科学进步和增长知识。"约瑟夫·班克斯和詹姆斯·库克接触了将近40座"尚未发现"的岛屿，并带回了1000多种欧洲人尚不知晓的植物物种，而他们带回的英国人尚不知晓的植物物种有17000种。

澳大利亚东部海岸

詹姆斯·库克第一次接触澳大利亚本地人（原住民）是在澳大利亚东部海岸的一个海湾里。鉴于彼时彼刻的庄严意义，库克转头告诉他妻子的表弟艾萨克·史密斯（候补少尉）说："艾萨克，你先上岸！"库克最初将该海湾命名为"黄貂渔港"，后来为了纪念博物学家在这里的诸多发现而更名为博特尼湾。

抵达高纬度地区

詹姆斯·库克寻找南方大陆抵达的最远位置是南纬71°10′，在此纬度他遇到了冰墙。库克写道：“作为立志超越前人到达的最远点并且到达人类所能到达的最远点的人，遇到这种障碍我也问心无愧了。”

美术遗产

与约瑟夫·班克斯同行的两位美术家在航行途中魂归大海，但是他们留下了大量美丽生动的绘画作品。例如，这是一只花纹巨蜥的肖像（左图）。现在我们还知道，“奋进号”上还有一位美术家名叫图巴亚，他是一位塔希提牧师。现在人们认为，很多水彩画都是出自他的手笔。

拓展范围

詹姆斯·库克完成对新西兰的勘测后，可以说他没有超额完成任务，也可以说完成了任务。库克决定沿着当时被称作“新荷兰”的澳大利亚的东部海岸返回英国。之前的航海家——多数为荷兰人，已经大体探索了澳大利亚的南部、西部和北部海岸轮廓，但是，人们尚不清楚“范迪门斯地”（今塔斯马尼亚岛）是否与澳大利亚大陆相连。当时欧洲人对澳大利亚东部海岸一无所知。库克决定查明塔斯马尼亚是不是一座岛，并绘制澳大利亚东部海岸的地图。强风阻碍了库克探索塔斯马尼亚的计划，所以库克在博特尼湾登陆，并扬帆北上，按照之前使用的“行进测量法”绘制地图。库克的决定将会改变历史，也几乎招致人船俱亡。

第一印象

约瑟夫·班克斯热情洋溢地描述博特尼湾的肥沃土地及其丰饶的动植物资源，同时詹姆斯·库克也认可这块停泊地，这促使英国于1788年在此建立了一个罪犯殖民地。但第一任总督亚瑟·菲利普认为这块停泊地过于贫瘠，而且土壤不适合种植庄稼，于是他决定将这一殖民地向海滨迁移16千米至杰克逊港。

南太平洋特产

约瑟夫·班克斯凭借“奋进号”远航声名鹊起，并当选为英国皇家学会会长。他航行归来带回很多物件，包括新西兰的亚麻织品、塔希提岛的用构树皮制成的塔帕纤维布。

黑夜触礁

詹姆斯·库克向北航行时尽量靠近海岸，以便保证绘图精确，并未意识到船只驶入了澳大利亚海岸与大堡礁之间逐渐收窄的死亡漏斗。“奋进号”夜间触礁，海水灌入，船只立即面临沉没危险。经过24小时的拼死抗争，库克的船只得以不沉并驶向陆地进行维修。

维修船只

船只触礁之后，他们向安全地点行驶——库克称之为“奋进河”的地方。维修船只费时将近两个月。寻找一条穿过大堡礁的返回通道极其不易，所幸“奋进号”找到了，并抵达荷兰港口巴达维亚（今雅加达）。至此，库克的船员由于发烧和疾病而减少了三分之一，其中包括美术家帕金森和天文学家格林。

后期航行

首次航行的巨大成功让库克萌生了二次航行的计划，继续去搜寻南方大陆并推进太平洋的科学研究。二次航行计划的目标更为宏大，配备两艘船和规模更大的科学家团队。约瑟夫·班克斯就手下船员的膳宿安排提出异议，随后选择退出。詹姆斯·库克带领“决心号”和“探险号”越过南极圈，成为向南航行最远的第一支船队。尽管未能发现南方大陆，但他们的科研成果倒也丰硕。库克功成名就之后退出海上服役，但后来不甘寂寞再度出山，指挥寻找北美洲西北通道的第三次太平洋航行。随着库克命丧夏威夷，这次航行以悲剧告终。

复活节岛

詹姆斯·库克带领“决心号”和“探险号”进行的二次航行抵达了复活节岛，这里是早期波利尼西亚居民到达的最东端。那里的石雕后来成为托尔·海尔达尔构建“波利尼西亚人从美洲向西迁徙”理论的佐证。

在第三次也是最后一次航行之前，詹姆斯·库克晋升为上校舰长。

西北通道

库克的船队曾做过两次大胆的尝试，企图找到西北通道，但均告失败，还差点葬身于浮冰群。对于19世纪的英国海军而言，寻找西北通道几乎成为一种困扰。

库克的成就

詹姆斯·库克绘制了数千公里欧洲人尚未知晓的海岸线，仅第一次航行就绘制了9250千米。他精确厘定了大量太平洋岛屿群的位置，带回了成千上万种动植物标本，并详细描述和描绘了太平洋地区的居民风貌。这一切使欧洲科学界发生了革新。

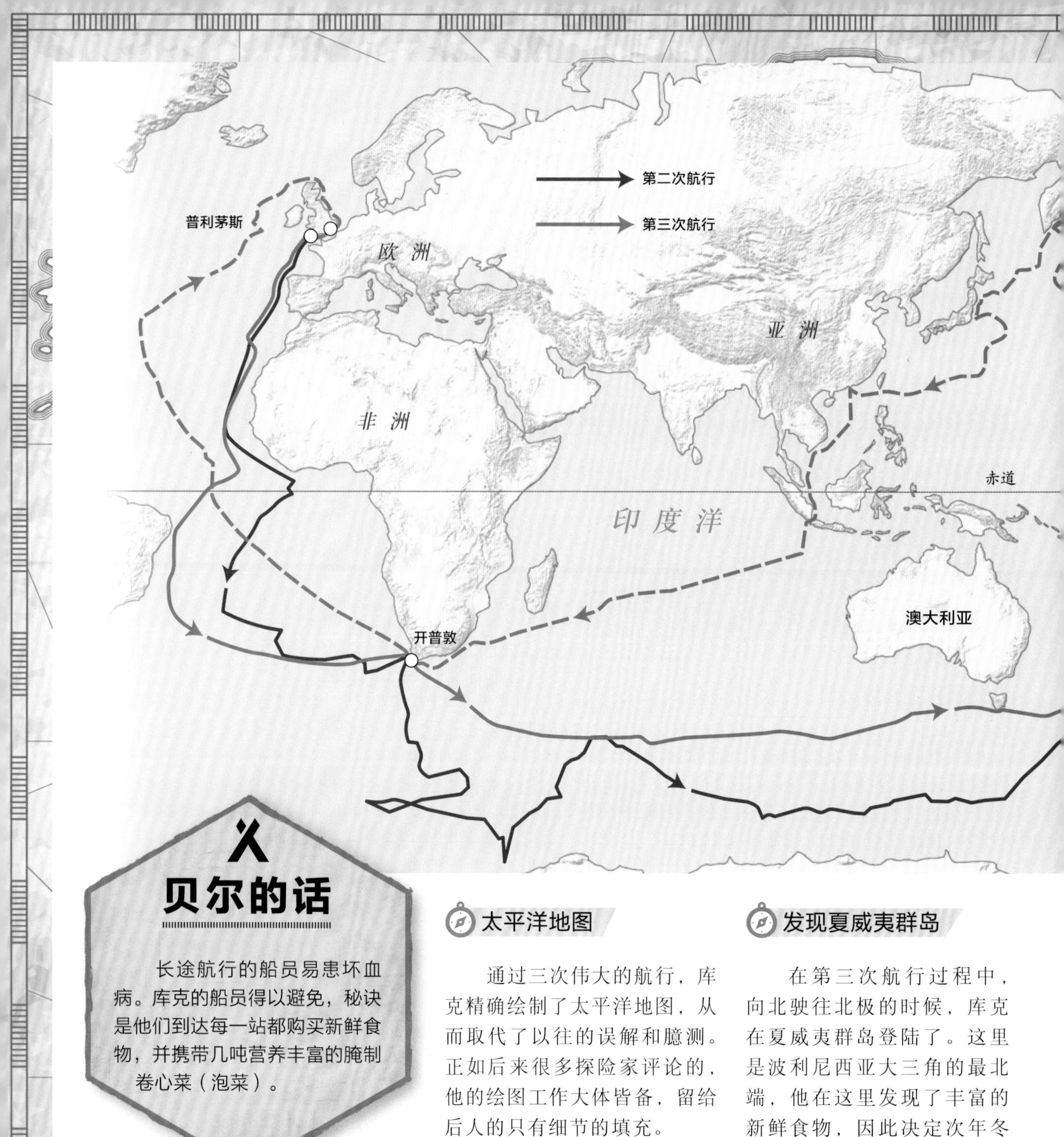

贝尔的话

长途航行的船员易患坏血病。库克的船员得以避免，秘诀是他们到达每一站都购买新鲜食物，并携带几吨营养丰富的腌制卷心菜（泡菜）。

太平洋地图

通过三次伟大的航行，库克精确绘制了太平洋地图，从而取代了以往的误解和臆测。正如后来很多探险家评论的，他的绘图工作大体皆备，留给后人的只有细节的填充。

发现夏威夷群岛

在第三次航行过程中，向北驶往北极的时候，库克在夏威夷群岛登陆了。这里是波利尼西亚大三角的最北端，他在这里发现了丰富的新鲜食物，因此决定次年冬季再次前来。

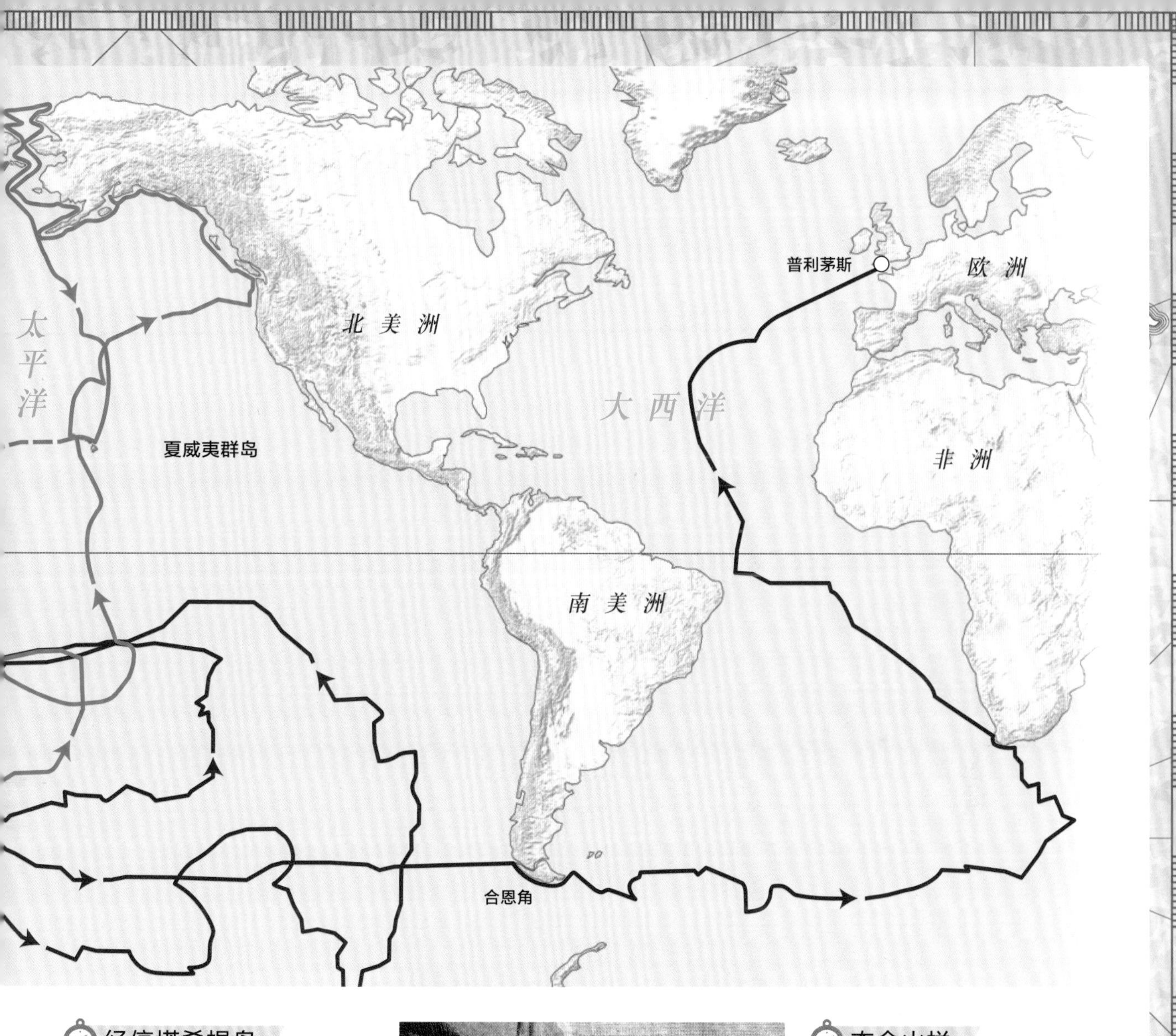

经停塔希提岛

在第二次和第三次航行过程中，库克均经停了塔希提岛，停泊在这一熟悉的港湾。与其他欧洲探险家不同，库克与原住民的关系亲善友好，后者总在危急之中对他鼎力相助。

夺命火拼

1779年2月14日，在夏威夷群岛的凯阿拉凯夸湾发生了一起短暂的流血事件，詹姆斯·库克、4名水兵以及17名夏威夷原住民死于非命。第三次航行船上的美术家约翰·韦伯根据目击现场描绘了当时的情景（左图）。

沙克尔顿 | 把所有队员安全带回的探险家

100多年前，当沙克尔顿宣布从海上穿越南极大陆的计划时，有5000多人竞相报名他带领的英国皇家穿越南极探险队。他们原本计划徒步穿越南极大陆，不料此计划搁浅在冰天雪地里长达一年。28位船员必须忍受极端低温、被困于浮冰、船只覆没和信心渐失，在此危急时刻，沙克尔顿会怎么做?

探险开始

当欧内斯特·沙克尔顿爵士宣布从威德尔海到罗斯海穿越南极大陆的计划时，有5000多人竞相报名加入他带领的英国皇家穿越南极探险队。对于南极探险，沙克尔顿并非新手：他曾经两度试图到达南极点。在挪威探险家罗尔德·阿蒙森于1911年成功到达南极点后，沙克尔顿定下了穿越南极大陆这一具有同等挑战性的新目标。沙克尔顿购买了一艘坚实的木船，并根据其家族信条"坚忍者胜"将船命名为"坚忍号"。1914年底，"坚忍号"从伦敦出发抵达布宜诺斯艾利斯，然后南下抵达位于亚南极地区、捕鲸业繁荣的南乔治亚岛。在这里，沙克尔顿获得了海豹猎捕船提供的警告消息：他准备登陆瓦谢尔湾所要经过的威德尔海正在经历史上最严重的浮冰群。

天生的冒险家

欧内斯特·沙克尔顿1909年穿越南极冰盖地区，一直挺进至距离南极点不到160千米的地方，此期间表现英勇而被封爵。现在，在南极的另一侧，他的冒险壮举将面临更为艰难的生死考验。

英国皇家穿越南极探险队

南极洲是地球上气温最低、海拔最高、风最频繁、最为干燥的一块大陆。这次探险是人类第一次从南极洲的一侧走到另一侧。威德尔海的海岸线与南极点之间就是一片未知的大陆。

“坚忍号”档案	
船只类型	三桅帆船
船体构造	增强木材
吨位	350吨
长度	44米
船宽	7.6米
推力	350马力燃煤蒸汽动力和风帆
速度能力	10.2海里/时
队员人数	28人（包括一名无票乘客）

贝尔的话

欧内斯特·沙克尔顿想要成为第一个抵达南极点的人，然而，罗尔德·阿蒙森经过与罗伯特·法尔肯·斯科特的激烈竞赛最终捷足先登。

胆大的摄影师

澳大利亚摄影师弗兰克·赫尔利为了拍摄完美图片想尽一切办法。赫尔利不畏前方的严寒，将其重达36千克的大型摄像机和沉重的三脚架塞进船舱。

战事来临

1914年8月1日，“坚忍号”从泰晤士河顺流而下，向南极进发。首先，该船需在考兹城短暂停留，等待国王乔治五世到访。当时，英德关系日益紧张的传言铺天盖地。听到战争一触即发的消息，欧内斯特·沙克尔顿向英国政府发送了一封电报，表示愿意主动将其船只、设备和服役人员献给祖国。不过他收到的英国海军部的答复是指示他继续前往南极。当8月4日宣战时，很多人认为战争只会持续六个月。

英国皇家穿越南极探险队成员名单	
欧内斯特·沙克尔顿爵士	队长
弗兰克·怀尔德	副队长
弗兰克·沃斯利	船长
莱昂内尔·格林斯特里特	大副
休伯特·哈德逊	领航员
汤姆·克林	二副
阿尔弗雷德·奇塔姆	三副
路易斯·里金逊	大管轮
A.J.克尔	二管轮
亚历山大·麦克林医生	首席外科医生
詹姆斯·麦基尔罗伊医生	外科医生
詹姆斯·沃迪	地质学家
伦纳德·赫西	气象学家
雷金纳德·詹姆斯	物理学家
罗伯特·克拉克	生物学家
弗兰克·赫尔利	官方摄影师
乔治·马斯顿	官方美术师
托马斯·奥德-莱斯	发动机专家
哈利·麦克尼什	木匠
查尔斯·格林	厨师
沃尔特·豪	一级水手
威廉·贝克韦尔	一级水手
蒂莫西·麦卡锡	一级水手
托马斯·麦克劳德	一级水手
约翰·文森特	一级水手
欧内斯特·霍尔尼斯	司炉/锅炉工
威廉·史蒂文森	司炉/锅炉工
珀西·布莱克博罗	无票乘客（后来担任膳务员）

罗斯海分队

在南极大陆的另一侧，“奥罗拉号”蒸汽船向南驶往麦克默多海峡。欧内斯特·沙克尔顿的罗斯海分队计划在麦克默多海峡建立一个基地，然后，由此向南在冰盖区域布置食物补给站——直到南纬80°，以供沙克尔顿直接带领的分队从威德尔海徒步到达时使用。“奥罗拉号”刚将罗斯海分队送到岸上就遭遇了灾害。在一次猛烈的风暴中，“奥罗拉号”的系泊索具断了，而且船被吹进海里。由于被困在浮冰群里，“奥罗拉号”无法返回岸上进而拯救10名搁浅的船员。更为糟糕的是，大部分食物等补给品还在“奥罗拉号”上。

冰映光和水照云光

截至1915年1月中旬，“坚忍号”已经驶到距离瓦谢尔湾不到280千米的位置。沙克尔顿计划将瓦谢尔湾作为穿越南极大陆的起点。当船只抵达浮冰群的边缘时，船员们都向地平线处观望“水照云光”形成的黑暗区域是否存在——那是通航水域向上反射的现象。但是，他们只看到“冰映光”正在渐渐笼罩四周，而“冰映光”是白色天空反射浮冰群的刺眼光芒所形成的现象。

加拿大雪橇犬

在挪威探险家的建议下，沙克尔顿购买了69只能够很好地适应南极严寒气候的加拿大雪橇犬。沙克尔顿估计，这些加拿大雪橇犬在冰原上拉着载重雪橇每天能够行走32千米。当一窝加拿大雪橇犬出生后，爱尔兰人汤姆·克林在甲板上建了一个特殊围栏，并亲自照料这些幼小的狗崽。

被困于浮冰

海豹猎捕船关于异常严重的浮冰群的警告消息应验了，而且，祸不单行的是，“坚忍号”出发六周后发生剧烈震动并停滞不前。浮冰群占据了上风。船上人员竭尽全力使船只脱离厚重的浮冰的控制，但结果还是寸步难行。欧内斯特·沙克尔顿只能眼睁睁地看着“坚忍号”被洋流推着向北漂移，并且错过了原计划的登岸地瓦谢尔湾。穿越南极大陆的计划渐渐无望实现，同时白天时长日益缩短，沙克尔顿将面临整个冬季被困在浮冰群里的可能。“坚忍号”专门针对浮冰而设计，船体木板厚度达750毫米，但是，与重以吨计的浮冰相互摩擦所产生的巨大压力，是否有船只能够承受就是一个疑问了。28位船员必须忍受极端低温、艰难困苦和厌倦无聊。在这样的危急时刻，沙克尔顿的领导力至关重要。

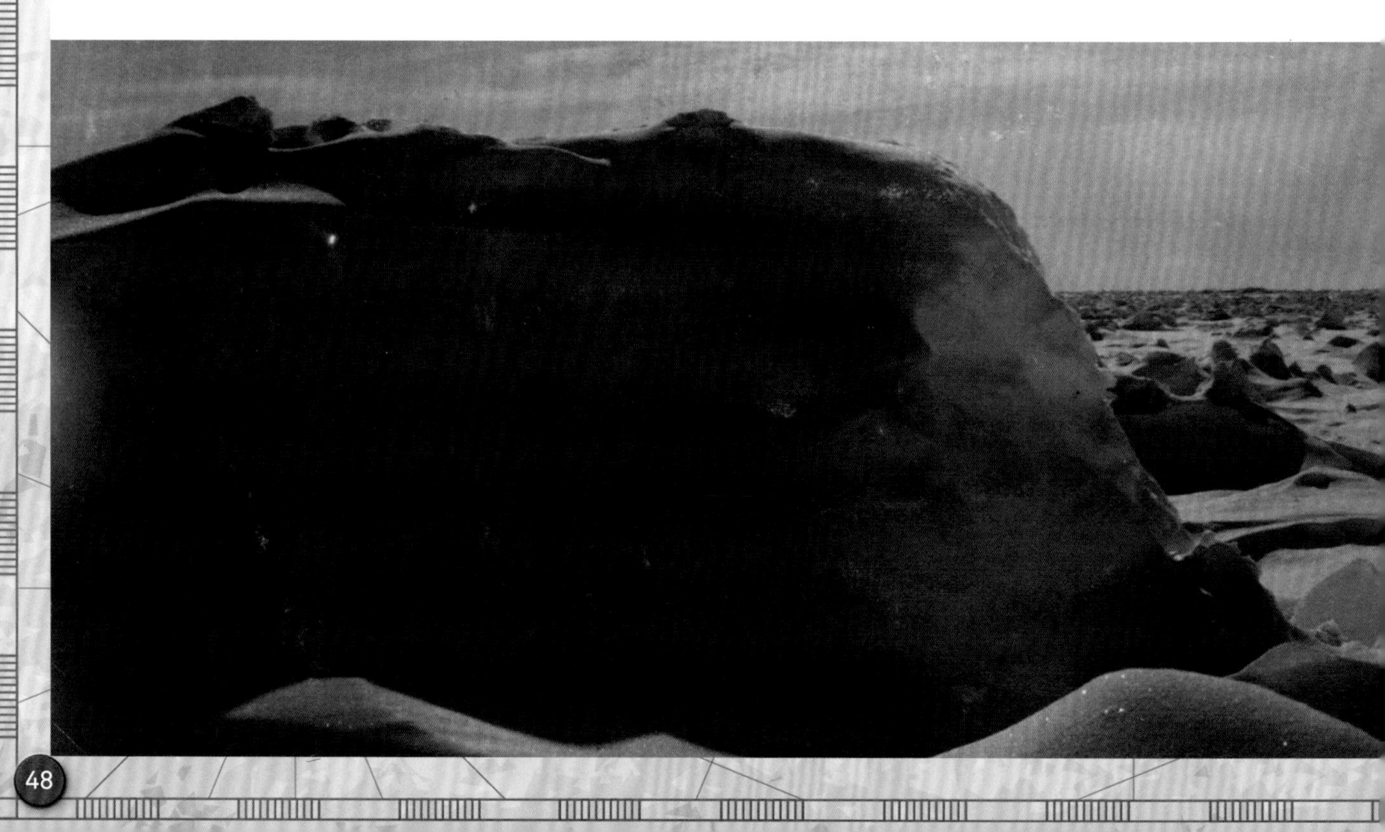

冰封荒原

房屋大小的冰板如同众多首尾交叠的木筏络绎不绝，“坚忍号”周围的情景俨如一个巨大的采石场。来自冰脊的巨大压力使船只内部产生应变，船只因而剧烈震动不已。冰面辐射出裂纹，但原先张开的缝隙随之被滑动的冰块弥合。弗兰克·赫尔利拍摄了夜晚的“坚忍号”，由于使用20个手电筒的强光照亮这可怕的场景，他本人也因此短暂失明。

贝尔的话

“坚忍号”的幸存在探险史上颇具传奇色彩。遭遇各种不利因素，但最终有惊无险！

冰原安家

加拿大雪橇犬被安置在就地取材用冰块等建造的狗窝里，这些狗窝形如圆顶小屋，人们称为“圆顶狗屋”。人们还用冰块建造了“圆顶猪屋”，等待这些作为途中食用的猪变成碗中肉。当浮冰群猛烈来袭时，动物们就被匆忙转移到船上，而人们只能无助地看着空空的房屋被轰鸣的冰块摧毁。

贝尔的话

多数南极探险队都使用雪橇犬，因为它们具备负重前行以及在冰天雪地里生存的能力。

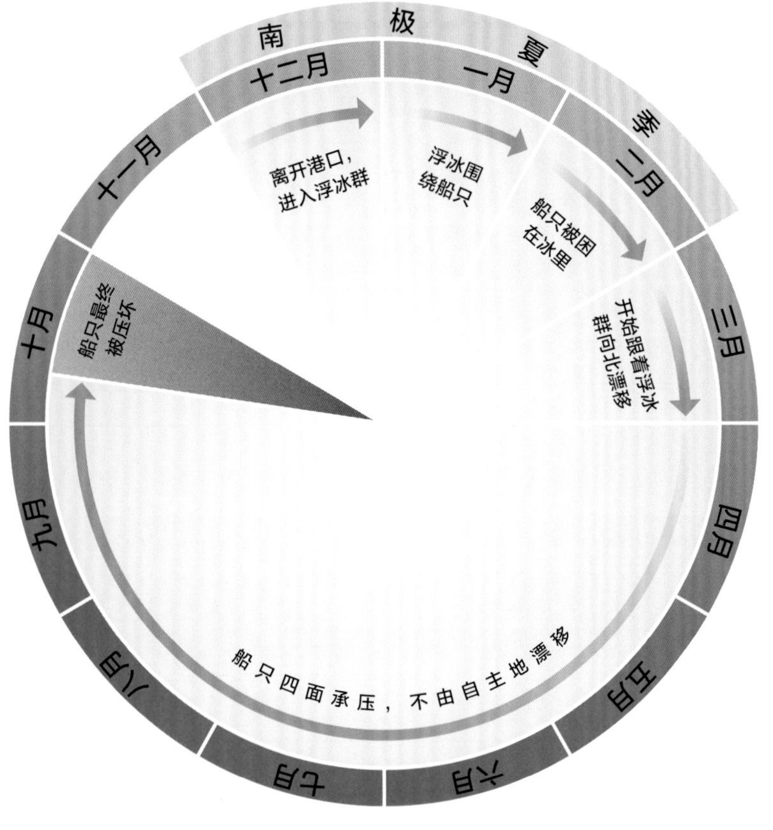

“坚忍号”的时间表

夏季结束时，威德尔海开始解冻。冬季里，沉积多年的海冰厚度可达4米。但是，对于“坚忍号”而言，春季也是一场灾难。随着温度升高，浮冰群开始分散，成吨重的冰块从四面八方挤向船只。

冰雪足球场

欧内斯特·沙克尔顿知道，探险队队员必须保持忙碌、活跃和健康，才能振奋士气。队员们经常分为两队在冰地上来场足球赛。

七巧板似的浮冰块

浮冰群包含不计其数的浮冰块，它们就像七巧板一样拼接在一起。浮冰群随着海风和洋流移动时，浮冰块之间会相互碰撞和摩擦。

雪橇犬和人的饱腹问题

当队员们可以捉到企鹅和海豹的时候，加拿大雪橇犬就因能吃到鲜肉美食而生龙活虎。随着冬季的来临，野生动物和新鲜食物的供应就变得稀缺了。

船只覆没

1915年10月，“坚忍号”的船身开始发出可怕的声音，这是欧内斯特·沙克尔顿最为恐惧的时刻。“坚忍号”已经向北漂移了10个月，如同冰河中的一块石头。现在浮冰群开始发生平移断层，庞大的冰板升起并撞斜了船只；巨大的压力将船体板压弯并击倒了桅杆。海水涌入发动机舱室。沙克尔顿命令转移“坚忍号”上的救生艇、雪橇、狗、食物和必要设备。弗兰克·沃斯利从书堆中扯出地图和航线图。船材每发出一声闷响，狗都会狂吠一阵。一个月后，他们在一块浮冰上安营扎寨，然后目送船只残体被浮冰群吞噬。沙克尔顿和沃斯利在航线图上研究了所处位置，努力估算着这块被他们称为“海洋营地”的大块浮冰能否在破碎之前靠近海岸。

冰块暂安

“坚忍号”在覆没之前的10个月里漂移了2400千米。尽管在这块浮冰上暂时安全，但是距离最近的陆地尚有370千米。

转移营地

“坚忍号”携带的必要供应物资都卸在“海洋营地”紧挨的一块浮冰上。当“海洋营地”下方的这块浮冰将要与“海洋营地”分离时，船员们不知疲倦地跨越冰脊将供应物资转移至一个较为安全的位置。

缓慢行进

1915年11月1日，队员们拖着沉重的救生艇和雪橇在迷宫般的冰脊上行走了3天，速度十分缓慢，湿雪常常没至大腿。欧内斯特·沙克尔顿决定不再向海岸前进，而是找一块大浮冰扎营，然后等待救援。一旦浮冰破碎，就启用救生艇。

宝贵的照片

弗兰克·赫尔利费力地拨开船壳板材碎片，潜入冰水灌注的船体之中，打捞出三罐底片。沙克尔顿要求销毁所有胶片以精减重量，但是赫尔利以这些照片可以向世人展示这次探险经历的理由说服了他。

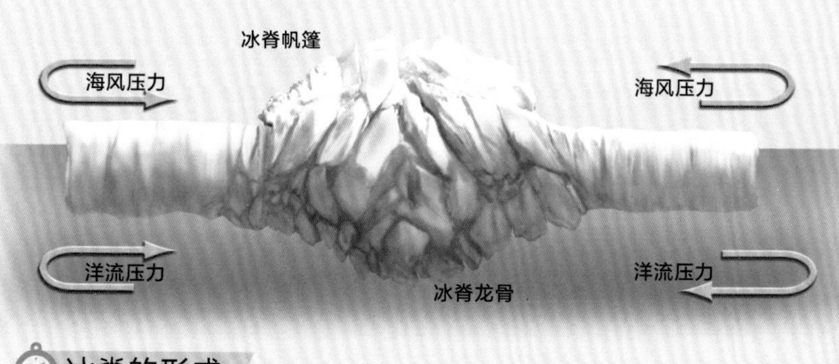

冰脊的形成

海风和洋流可以将浮冰块扯开，也可以使它们聚拢。当浮冰相互碰撞时，接触的边缘碎裂成巨石和碎石状的冰块，并堆积成垛，重以吨计，这称为冰脊。如果冰块堆积得十分致密，就会形成冰块叠压在另一冰块之上的景象，十分壮观。杂乱的冰堆在空中形成一个“冰脊帆篷”，高度可达6米或更高，同时形成一个“冰脊龙骨”，其深入水中的高度会超过冰脊帆篷露出水面的高度。

贝尔的话

企鹅和海豹肉是当时预防坏血病的唯一途径：用肉做成热炖汤（浓汤），就着大杯可可茶一起喝。

在冰块的外围，开放洋面的涌浪强烈冲击着船只并迫使船只一夜之间撤回浮冰群。

启用救生艇

1915年12月底，队员们告别了“海洋营地”，他们再次拖着沉重的救生艇和满载物品的雪橇前行。他们跨越海冰的第二次行进如同第一次行进那样缓慢和沮丧。冰面开始出现融雪，因而变得十分危险，迫使他们撤至一块浮冰之上，欧内斯特·沙克尔顿称之为“忍耐营地”，尽管有些队员显得颇不耐烦，险些失去信心，但是沙克尔顿安排人人有事可做，团结队员同舟共济。不久，“忍耐营地”在涌浪里颠簸起伏，队员们启用了救生艇。他们连续7天划桨撑帆，途中顾不上寒冷和疲倦，只是偶尔小憩一会儿。最终，自登上“坚忍号”16个月之后，他们踏上了第一块陆地——南极象岛。但是潮痕显示，最先登陆的地点“瓦伦丁角”不是安全的逗留之所，所以他们马不停蹄顶着风暴沿着象岛海岸找到一方荒芜的岩石（即怀尔德点）；他们迫不及待地登上岩石，不顾隐现在冰川之下的石块。随即，一场暴风雪接连肆虐了5天，所幸，怀尔德点一直位于汹涌的潮面之上。

乘救生艇至象岛相关档案	
从“忍耐营地”至象岛的距离	直线距离110—120千米
4月份平均气温	−8℃
4月份平均海水温度	−0.5℃
三艘救生艇	“詹姆斯·凯尔德号”“达德利·多克尔号”“斯坦科姆·威尔斯号”
队员人数	28人
船上逗留时间	7天

营地毁灭

当“忍耐营地”下方的冰块开始开裂时，除了启用救生艇之外他们别无选择。所有人都来划桨，三艘救生艇竞相穿过狭窄的水道，两侧的浮冰摇晃不稳，随时都可能发生碰撞并毁灭他们。由于几个月来饮食含糖量偏低，队员们很快筋疲力尽了。

登陆象岛-瓦伦丁角

最终，三艘救生艇先后穿过暗礁抵达岸上。队员们拖着疲惫的脚步来到海滩，由于连续两天两夜缺少饮水或热食，他们近乎疯狂。布莱克博罗彻底崩溃了，他的脚掌严重冻伤，无法站立。大家踉踉跄跄，扑倒在地，经过497天的海上漂泊，他们的腿一时无法适应在陆地上行走。

叶尔丘角
林德赛角
怀尔德点
瓦伦丁角
象岛
塔布尔湾
沃克尔点
斯丁克点
威德尔海
瞭望角

象岛-怀尔德点

暴风雪卷着砾石和碎冰迎面扑来，并将帐篷撕成碎片。队员们将救生艇倒置过来作为遮蔽物。他们从未想到要在两艘倒置的小艇和这片环境恶劣的弹丸之地待上数月之久。

“詹姆斯·凯尔德号”临危受命

南极象岛如此偏僻，搜救队和过往船只几乎不可能发现被困于此地的队员们。欧内斯特·沙克尔顿宣布，他和5名队员将驾驶长度仅为7米的“詹姆斯·凯尔德号”救生艇前往南乔治亚岛——这需要在世界第一大洋的惊涛骇浪里行驶1300千米。其余22名队员在怀尔德点等待救援并接受弗兰克·怀尔德的指挥。所有可用人手都在捕杀企鹅，将其剥皮并作为未来数月的食物储备。哈利·麦克尼什利用有限的材料和出色的天赋使“詹姆斯·凯尔德号”恢复了航行能力。1916年4月24日，“詹姆斯·凯尔德号”起航了，并装载了1900千克的卵石作为压舱物——相当于一只雌性象海豹的体重。在一个罕有的艳阳天，这艘小艇出发了，留在岸上的队员发自内心地高呼三声为其送行。不过所有人知道，“詹姆斯·凯尔德号”到达南乔治亚岛的希望十分渺茫。

天才领航员

弗兰克·沃斯利是一位天分极高的领航员。在几乎不可能的情况下，他使用六分仪为“詹姆斯·凯尔德号”导航。只要稍微偏离航线就会完全错过南乔治亚岛。正是他的出色领航技能和队员们的敏锐直觉使得这艘小艇带着狼狈不堪的救援队员成功抵达南乔治亚岛，而不是在大海里迷航。

虎鲸将头探出水面，搜寻伏在冰块上的海豹。“詹姆斯·凯尔德号”的船员们知道虎鲸就在附近出没。

贝尔的话

虎鲸是种凶恶的捕食动物，经常成群出动，几乎什么都吃——包括鱼类、海豹、乌贼，甚至其他鲸种。虎鲸通常被称为“海中之狼”。

留守队员

弗兰克·怀尔德是一位经验丰富的南极探险老兵，深受队员爱戴，因此被指定为岸上留守分队的队长。欧内斯特·沙克尔顿带走的“詹姆斯·凯尔德号”船员是根据他们各自的特长而挑选的，因为沙克尔顿需要一个强大、可靠的团队。

贝尔的话

强将手下无弱兵，队长优秀，队员同样优秀。正因沙克尔顿带领的队伍拥有高超技能、丰富经验且英勇无畏，他们最终迎来了奇迹般的幸存。

临别时刻

弗兰克·赫尔利使用袖珍摄像机和所剩无几的珍贵胶卷拍摄了“詹姆斯·凯尔德号”的离别情景。在沙克尔顿离开之前，赫尔利要求沙克尔顿在日记本中签署一份保证书：如果沙克尔顿未能幸存，则探险队的所有图片、胶卷和底片财产将归赫尔利所有。

妙用废船

木匠哈利·麦克尼什从另外两艘小艇上搜罗到一些钉子和材料，使“詹姆斯·凯尔德号”小艇重获航行能力。麦克尼什加高了“詹姆斯·凯尔德号”的船体侧部，增加一层鲸背甲板且使用粗帆布覆盖其上，这样就可以承受海水的不断冲刷。他用螺栓将一根桅杆紧固在龙骨内，防止“詹姆斯·凯尔德号”在狂风大浪里一断为二。安装一根后桅并扯起帆布，高高撑在海风中。在汹涌的海水中，艇尾拖曳一个临时的锚，以降低“詹姆斯·凯尔德号”的行进速度，防止船只失控。其他两艘救生艇被倒置过来，放在齐腰高的石墙上，变成一个临时营房，昵称为“安乐窝”。剩余的帐篷碎布被缝在小艇周围来防风。弗兰克·怀尔德分配了铺位，船上的座位作为上铺，铺有帐篷布片的地面作为下铺。赫尔利使用沙丁鱼罐头制作了海兽油灯，用手术绷带作为灯芯。原本用来取暖和烹饪的海兽油炉不断冒出煤烟，熏得每位队员面目黧黑。

“安乐窝”的生活

队员们花费数周时间修补墙体上的缝隙，以防刺骨的寒风呼啸而入。留守的22名队员躺在破旧的羊绒袋和鹿皮袋里，酷似罐头中的沙丁鱼。每天早晨，他们卷起睡过的袋子并收好，接受怀尔德安排的日常工作。

怀尔德营地的日常生活

上午07：00	厨师起床
上午09：00	吃企鹅肉排与熏肉；猎捕、宰杀、准备
中午12：30	喝清汤、吃油炸饼干；继续进行日常任务
下午04：30	喝海豹肉骨浓汤，弹奏班卓琴，唱歌，制作熏肉

“詹姆斯·凯尔德号”前往南乔治亚岛时的食物与装备

300只雪橇犬配额

200颗坚果食物配额

600盒饼干

1箱方糖

30包纯牛奶

1罐保卫尔牛肉汁

1罐食盐

2桶融雪水

50千克冰

30盒火柴

36升汽油

1罐烹饪燃料

2个便携炉

1只南森厨灶

备用衣服和袜子

六分仪、精密计时器、罗盘、导航表、双筒望远镜、蜡烛、海兽油、临时海锚、书里扯下的航线图、舀船舱积水用的水斗、鱼线与鱼钩、针与线、鱼饵、医药箱、猎枪与子弹、撑篙钩杆、木工工具

排除万难

“詹姆斯·凯尔德号”在风浪里起起伏伏，汹涌的波涛淹没了船首以及甲板，缆索上裹了一层冻结的水沫。欧内斯特·沙克尔顿掌舵，汤姆·克林向外舀船舱积水，哈利·麦克尼什敲碎船上的冰块——这些冰块的重量足以使船沉没。在甲板下，弗兰克·沃斯利、约翰·文森特、蒂莫西·麦卡锡穿着湿衣服瑟瑟发抖，在无法坐直的狭小空间里挤成一团，将一锅浓汤放在小炉上加热。许多天来，“詹姆斯·凯尔德号”一直遭受着怒吼的狂风和猛烈的冰雪的折磨。太阳在17天中仅出现了4次——仅够沃斯利使用六分仪计算所在位置。只要偏离航线2000米，他们就会错过南乔治亚岛，并被卷入浩瀚无边的海洋。另外，他们的饮用水也被海水弄糟了。

“撑住！巨浪来了！”

沙克尔顿眼前闪过一道白光，以为是天空……但实际上是一股巨浪的尖峰迎面扑来。一堵水墙撞向船体，致使小艇剧烈颤抖并停止前进，海水漫入舱中。当波浪急速通过后，小艇尚且悬浮于水面上空。“詹姆斯·凯尔德号”继续在惊涛骇浪里奋力北上。海面巨浪没有陆地的约束，高度可达七层楼高。

海岸凶险，不得靠近

在第15天的时候，杰米多夫角青翠高耸的悬崖峭壁映入眼帘，他们终于抵达南乔治亚岛了！现在，船员们迫不及待地需要饮用淡水，但是，狂风巨浪拍打着海岸，迫使“詹姆斯·凯尔德号”只能远远观望。狂风升级为飓风，试图将“詹姆斯·凯尔德号”卷向峭壁，一旦撞上就会粉身碎骨。最终，船员们成功将小艇撤至开放水域，远离凶险的海岸。

南乔治亚岛登陆

“詹姆斯·凯尔德号”与猛烈的海风及锋利的峭壁继续搏斗了两天才得以进入哈康国王湾的隘口。在一个小山坳里，船员们踉踉跄跄登上海岸，他们跪倒在地，啜饮池中的活水。夜间，他们将一个洞穴作为蔽身之所。他们在科夫洞连续停留了4天进行休整，随后乘“詹姆斯·凯尔德号”前往湾头。在这里他们建立了派高提营地。

救援行动需冒险

救援成功的所有希望寄托在对面的海岸，他们需要沿着暗藏危机的海岸线航行280千米才能到达最近的捕鲸站。对于5位疲惫不堪的船员和一艘饱受摧残的漏艇而言，希望十分渺茫。因此，欧内斯特·沙克尔顿计划徒步35千米深入山区，穿过南乔治亚岛的未知腹地，进而抵达斯特罗姆内斯湾的三个捕鲸站之一。

为徒步穿越做准备

经过漫长的海上漂泊，船员们的手脚均已冻伤而变得麻木，口粮和燃料几近告罄。他们捕杀一只象海豹获取海兽油，使用漂流的废木生火烘烤信天翁雏鸟。其中3位船员留在派高提营地，等待欧内斯特·沙克尔顿、弗兰克·沃斯利、汤姆·克林前去寻求救援。前往南乔治亚岛对面求助的3人仅携带了3天的口粮，在夜间借助圆月看路。

时间紧迫，天气恶劣

他们的衣服已经破破烂烂，对于穿越高山而言显得很单薄。哈利·麦克尼什从“詹姆斯·凯尔德号”船上取下黄铜螺钉固定在鞋底上，以便牢牢抓住冰雪地面。凌晨3点，在明朗的夜空下，欧内斯特·沙克尔顿、弗兰克·沃斯利、汤姆·克林攀上哈康国王湾的鞍状山口。他们三人用绳索相互连接，在雪地里艰难跋涉。接下来他们将折腾一阵子，一遇到冰缝就被迫往回走。每次攀爬寻找山路都得后撤一次，前进的道路总是遭遇不可避免的拦路虎。每隔15分钟，沙克尔顿命令暂停1分钟，在雪地上伸展四肢稍做休息。在1220米的海拔高度，寒气逼人。如果天气突变，他们可能就没法活过当晚。

隐约可见救援地

早上6点55分，他们静静地坐着，仔细聆听，想知道周围有没有人烟。就在7点整，他们听到从斯特罗姆内斯捕鲸站传来的工作哨声在空中回荡。欣喜过望的他们相互握着手，不停地摇动着。然而，在他们面前的是个大陡坡，由此通往财神湾，然后再翻过一个矮山口才能到斯特罗姆内斯。他们已经行军26小时，不过这时也只能停下来喝一碗浓汤，睡20分钟。

赌上生命滑陡坡

三人分别将绳索盘成圈垫在屁股下。沙克尔顿在前，沃斯利其次，克林最后，三人连在一起，宛如一个大雪橇团队，顺着陡峭的冰雪斜坡滑下。随着下滑速度越来越快，克林将斧头作为锚砍入冰地里以降低下滑速度。斜坡逐渐趋于平缓，他们冲进一个柔软的雪堆里。经过这两三分钟的急速滑行，他们前进的水平距离为1.6千米，而下降的高度多达几千米。

斯特罗姆内斯捕鲸站

经过36小时的艰苦跋涉，欧内斯特·沙克尔顿三人使用仅能支撑直立的最后一点气力，步履蹒跚地走进斯特罗姆内斯捕鲸站。两个孩子见状，惊慌地跑开了。这里的挪威籍捕鲸人看到狼狈不堪的三位不速之客也感到困惑不解，随后带领他们来到站长办公室，而这位站长与沙克尔顿曾经相识。现在，沙克尔顿、沃斯利、克林三人站在他的办公室门口，衣衫破烂，还发出臭味，须发邋遢，边幅不修，都是满脸的灰。

一夜逗留之后前往派高提营地

挪威人的热情好客真是无以复加。欧内斯特·沙克尔顿、弗兰克·沃斯利、汤姆·克林三人首先洗了个热水浴、剪发修须、换上干净衣服，然后坐下来饱餐了一顿。站长准备好他的蒸汽捕鲸船“萨姆森号”，由沃斯利带路前往派高提营地迎接哈利·麦克尼什、蒂莫西·麦卡锡、约翰·文森特，顺便带回“詹姆斯·凯尔德号”。两天后，他们安全返回。

沃斯利铭记步行路线图

欧内斯特·沙克尔顿、弗兰克·沃斯利、汤姆·克林永远不会忘记他们在南乔治亚岛徒步翻越高山的经历。这一英勇画面宛如在昨日，许久之后沃斯利还能单凭记忆画出他们的路线图。直到40年后才有英国勘察队再次翻越此山，而他们是由熟练登山员带领而且装备精良，不可同日而语。

搭救成功

4个月难挨的悲惨日子令22名留守象岛的队员备感孤独无助。即使算上延迟日期，搭救船只也该到达了。很多人担心“詹姆斯·凯尔德号”及其船员已经迷失，他们不知道的是，欧内斯特·沙克尔顿正乘着一艘破旧的智利拖轮“叶尔丘号”向南方驶来。沙克尔顿曾经三度尝试使用三艘不同的船只抵达怀尔德点，但每次搭救行动均被无法穿透的冰夹层遏止了。1916年8月30日，怀尔德点上方的天空十分明朗，冬季即将结束，弗兰克·怀尔德谈论着春季时驶往迪塞普申岛的计划。突然之间，他们看到一艘锈迹斑斑的拖轮正在慢吞吞地靠近岸边。船上有两个人弯腰进入了舱内，于是大家认出了站在那里的沙克尔顿。沙克尔顿冲岸上喊道：“你们都好吗？”岸上群情高昂，连呼三声：“都很好！”经过这次最精彩的搭救行动，传奇般幸存的“坚忍号”船员终于踏上回家的路。

受困于冰雪之中

在成功抵达象岛之前，沙克尔顿曾经三次尝试实施搭救。最终成功搭救使用的船只“叶尔丘号”是从智利麦哲伦海峡的蓬塔阿雷纳斯港出发的。

怀尔德点

巨大的冰块经常从周围的冰川里分裂出来，激起破坏性的巨浪。如果不是海湾里充满了松散的冰块并对巨浪产生缓冲作用，岛上的“安乐窝”早被巨浪冲走了。

安全抵达蓬塔阿雷纳斯

抵达怀尔德点不到1小时，“叶尔丘号”就载着所有被困人员掉头北上。他们安全驶达蓬塔阿雷纳斯，受到人群的热烈欢迎。

纪念碑铭文

“1916年8月30日，智利拖轮‘叶尔丘号’在路易斯·帕尔多·维拉隆的指挥下成功解救22名欧内斯特·沙克尔顿探险队队员。他们的‘坚忍号’沉没，所幸人员安然无恙，并在此岛生活了4个月。”

搭救罗斯海分队

“奥罗拉号”蒸汽艇于1914年将罗斯海分队送至麦克默多海峡，船员刚一登岸，该船的系泊索具就断了，船被狂风卷入大海一去不回。这一情景让被困在岸上的10名船员痛苦万分。1916年，欧内斯特·沙克尔顿加入救援他们的海上行动。令人悲痛的是，沙克尔顿发现其中一人死于坏血病，另有两人因遭遇海上薄冰而丧生。至于幸存的7人，身体和精神状况也极度不佳。

世界第一大冰架

罗斯冰架的面积堪比法国，高度可达50米，分裂出巨大的平顶冰山。

贝尔 | 驾驶充气艇，横渡冰冷的北大西洋

为了替特别慈善机构募集资金，“站在食物链顶端的男人”贝尔决定召集伙伴，驾驶充气艇横渡北大西洋。一路上，他们面临惊涛巨浪、晕船症、低体温症、气力不继以及不断恶化的天气，最可怕的是，距离陆地还有160千米时，他们的燃料几乎消耗殆尽，是继续前进还是发出求救信号等待救援？贝尔会做出什么决定？

横渡北大西洋

大西洋自古以来就是冒险爱好者的挑战对象，它的面积为9336.3万平方千米，探险趣味不胜枚举！英国查尔斯王子信托基金的宗旨是为贫穷失意的年轻人提供财务资助和信心构建，帮助他们走上正常的生活轨道，因此堪称一个不可多得的良心组织。自从担任该组织的形象代表以来，我一直考虑带领探险队为该慈善组织贡献绵薄之力。召集一伙探险家驾驶开放式硬壳充气艇(RIB)横渡北大西洋的想法似乎非同寻常，之前多次有人尝试均告失败。我认为这是为上述特别慈善机构募集资金的好办法，也是很多人认为的疯狂行动！探险行动开始了，但是我并不知道距离死神会有多近……

北大西洋

北大西洋向北延伸至寒冷的北极圈以内——交汇的两大水体都很冷酷，不是游泳的好地方。北大西洋的水温可低至-2℃；每年10月到次年6月，还会广布海冰——海水冻结成锯齿状。冰山就更加危险了。如果落进水里，很难活过15分钟。

惊涛巨浪

北大西洋从来不乏狂风怒吼和惊涛巨浪。2013年使用浮标测得的浪高纪录是位于冰岛和英国之间高达19米的海浪。不过，这与高达30米的海啸浪高对比就相形见绌了！

低体温症

一旦落入如此冰冷的海水中，可以瞬间让人停止呼吸。如此强烈的身体冲击可导致心搏停止（心力衰竭）。当你下意识地吸气时，很容易灌入一肺海水（喘气反射）。加上粗暴的海浪，就会导致定向障碍，很快让你脱离船只。在黑暗的条件下，很容易导致真正的麻烦，这一点显而易见。在冰冷的海水中，你的四肢开始麻木，瞬间不听使唤。这时，低体温症随之而来，导致身体剧烈颤抖、产生幻觉和精神错乱。所有这一切都在几分钟内发生，接着就是死亡。

队员遴选

我的探险计划传开之后，很多技术娴熟的水手纷纷给我写信，恳请加入探险行动。虽然他们的技能毋庸置疑，但是对我而言重要的是，团队成员必须值得信赖、相处融洽。所以，我挑选了一些勇气和善良方面都绝对可靠的朋友。这样，无论大海呈现怎样的凶险，我都可以拿生命相托。

海军支持

英国皇家海军为我们的探险计划提供了至关重要的支持，并帮我们联络加拿大和丹麦两国的海军部。英国海军部还指派安迪·利弗斯中尉随行支援我们。安迪是出色的工程师，他拥有的经验正是我们迫切需要的。在北大西洋里出现发动机故障或失灵将是灭顶之灾。

贝尔的话

多穿几层衣服对于保暖而言必不可少；另外，干式防寒衣是出海的最佳伴侣。由于开放式硬壳充气艇没有盖板和舱室，即使再好的干式防寒衣，在经历几天无休无止的冰冷海浪冲击之后也会变湿。

保命装备

保持温暖和干燥至关重要，所以，我们根据这两个要求准备服装，先穿一层长袖羊毛衫和内裤，然后再加一层羊毛服。在此基础上，我们还要穿上干式救生防寒衣和干式防风外套。我们先戴里衬羊毛手套，再戴连指手套。先戴两顶巴拉克拉瓦盔式帽（一个用羊毛制造，一个用聚四氟乙烯制造），再戴上头盔。尽管有层层保护，我们依然又冷又湿！

定制船只

普通船只显然无法完成这次冒险计划，因此我们必须委托定制。我们的船只是由位于威尔士圣戴维斯的海洋动力公司设计并制造的。定制的船体采用铝材，从而可耐受锯齿状海冰的冲击。

和“泰坦尼克号”对比

曾经航行于大西洋的最著名的船恐怕是号称“永不沉没”的“泰坦尼克号”了。这艘巨型海轮长达269米，但不幸撞上冰山而沉入海底。我们的开放式硬壳充气艇只有“泰坦尼克号”携带的救生小木船一般大小，却要面对同样严酷的大洋！

船只测试

我们驾船环绕英国，呼啸着行驶到泽西岛并返回，在沿岸海域高负荷行驶。通过这些测试我们发现，我们需要携带更多的燃料，否则有可能在海里搁浅。于是，我们加装了一个软油箱。在此期间，我们募集资金，正式成立“亚诺大西洋－北冰洋探险队”（亚诺是一家瑞士－英国合资的手表制造商，曾为沙克尔顿和斯科特提供精密计时器）。在测试期间——距离出发仅有四周的时候，我的儿子杰西出生了。突然之间，整个探险变得可怕很多。一旦我在海上有个三长两短一去不回，那如何是好？

行动路线

自2003年7月31日离开哈利法克斯（加拿大新斯科舍省省会）后，我们将穿越5300千米暗藏杀机的洋面——到处都是海冰、猛烈的风暴和巨大的海浪。我们分别在沿线的拉布拉多海、格陵兰岛、冰岛、法罗群岛短暂停留，最终安全回国，抵达苏格兰北端的约翰奥格罗茨。

贝尔的话

早期的航海家没有精确计算经度的办法。他们使用罗盘测定方向，使用星盘计算纬度。

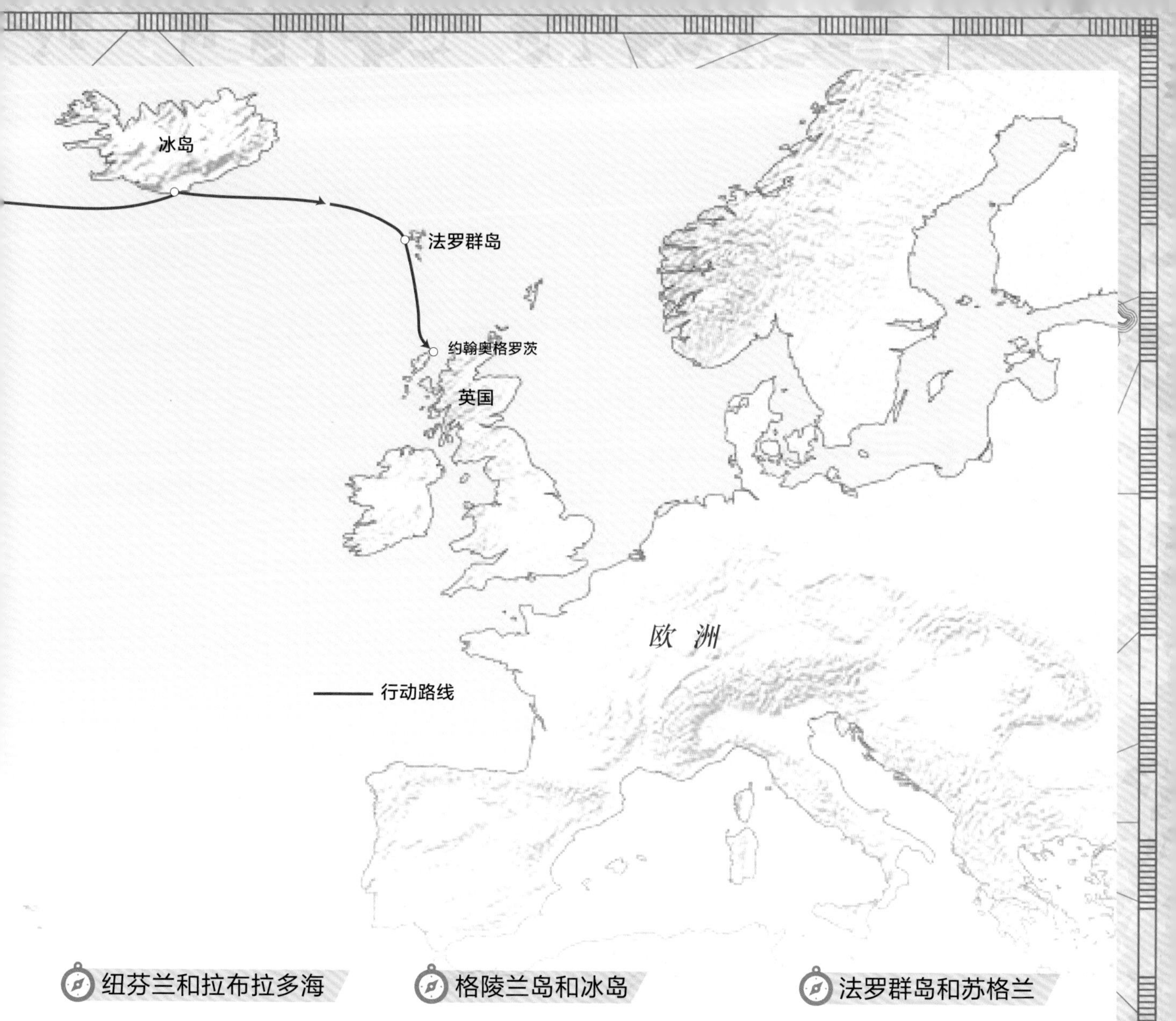

纽芬兰和拉布拉多海

纽芬兰是一座岛，是加拿大最东端的省份。纽芬兰曾经依附于英国，直到1933年才正式独立。我们将经过纽芬兰的海岸，进入拉布拉多海。拉布拉多海位于加拿大和格陵兰岛之间，因危险的海雾而著名。路过的时候，我们日夜都被海雾笼罩。

格陵兰岛和冰岛

我们的下一站是格陵兰岛——丹麦王国下属的自治领土。格陵兰岛地广人稀，人口仅有5.6万。我们在格陵兰岛稍做停留、加油之后就前往丹麦海峡以及下一站——冰岛。冰岛位于美洲大陆和欧洲大陆板块交会区域，特点显著，其活跃的火山至今仍在发育。

法罗群岛和苏格兰

离开冰岛之后，我们全速驶往属于丹麦的法罗群岛，然后向南回到苏格兰。

离开

2003年7月31日，星期四，我们迫不及待地等待出发。作为一个吉兆，查尔斯王子发函预祝我们一路平安，所以我们出发时备感自豪。上午10点，我们离开了新斯科舍省省会哈利法克斯，还带了一名无票乘客卡萝尔·麦克法顿。卡萝尔是一名勇敢的美国记者，她希望与我们同行至格莱斯湾。这段路程并不算远，但我认为，她到站下船的时候必定心满意足！

贝尔的话

在任何环境下，观察天气都是关键。眨眼之间就可能风暴来袭，温度下降，浊浪排空。

我们这次探险行动的原点：新斯科舍省省会哈利法克斯。

第一站

行程的第一站貌似很平静。我们在格莱斯湾停留加油，在一个棚子里和急救组共享三明治和茶水。巴斯克港是我们在加拿大境内途经的最后一个大港，但实际上，它只是一个有几个码头的小镇。虽然如此，这里还是有一个便捷的加油站。我们顺便散散步，很快就没有这样的机会了。随着向北逐渐挺进，一切都变得越来越遥远。

天气多变

迈克是我们的气象学家，也是我最好的朋友之一。他时时刻刻关注天气变化趋势，以便我们相应地制定航行路线。我们被告知将有风暴通过我们所处的南方区域，同时，未来24小时内将风平浪静。在离开巴斯克港的15分钟内，我们就进入了浓重的海雾里。海雾渗透进我们的防水服，寒冷刺骨。我们偶尔可以瞭望到纽芬兰的海岸，但是，有时候我们连自己的船头都看不见。每前进1000米，温度都在持续下降。

海事行话

船员有一套自己的独特行话，你上船不久就会熟悉。船员查理经常闹一个笑话。他拒绝接受“for'ard”（前）和“aft”（后）分别是比“front”（前）和“back”（后）更好的用词。还有一些他必须记住的核心术语如下：

海事行话	
迎风面（Windward）	船体迎风的一侧
背风面（Leeward）	船体背风的一侧
左舷（Port）	左侧
右舷（Starboard）	右侧
帆片（Sheet）	绳索
海里／时（Knot）	类似千米/时

支持团队

我们的每一个动作都会通过全球定位系统(GPS)转发至位于伦敦的支持团队。另外，我们带有手机，但是手机在海上无法使用。在海上，我们的通信必须依赖卫星电话。

随着船只向北推进，我们有幸欣赏到大自然最神奇的美景——北极光。

纽芬兰和拉布拉多海

失去了纽芬兰的遮蔽，海风更加放纵，翻腾的波浪裹挟着水沫洒满甲板，淋得每个人全身都湿漉漉的。船只不停地上下颠簸，摇得我们的骨头快要散架了。船尾有一个凹陷区域可以容纳两个人并排躺下，我们将其戏称为“沙丁鱼罐”。面对不断恶化的天气，这是唯一的简陋的遮蔽之所。一股恶浪从侧面打在我们身上，我的头不由自主地撞向金属控制台。我感到一阵眩晕，头痛不已。但是，除了握紧站稳和感谢头盔的保护之外，我无可奈何。

这是天气明显转好时的纽芬兰海岸！

晕船症

晕船症的两个阶段可以概括为：第一阶段，你感觉就要死了；第二阶段，你发现自己还死不了，而且这种症状将一直持续下去！我们带有晕船药，但是当波浪真正来袭时几乎没有用。最糟糕的地方是“沙丁鱼罐”里面，在这里晕船症只会使人虚弱。咸咸的海水溅在身上也不能缓解症状。每次海水喷溅都会灌入嘴里一些，这将使你肠胃翻江倒海。唯一的缓解办法是俯身呕吐，不过必须记得吐完之后立即饮用淡水以防缺水（灌进盐水意味着需要饮用更多淡水）。

任何形式的晕船症都会妨碍冒险活动。权宜之计是深呼吸新鲜的空气。

我们获得特准悬挂英国海军的白色旗帜。这是英国的象征，获得这一荣耀要感谢我们的主要赞助方。

燃料问题

我们的开放式硬壳充气艇配置了四个燃料箱，并且布置合理、重量均衡。此外，还有一系列复杂的排放操纵杆，以便于我们顺畅有序地排空燃料箱。我检查了仪表，一切显示正常……但是随后发动机熄火了，我内心一阵恐慌。现在我们耳际只有风声。安迪迅速检查发动机，几分钟后发动机恢复工作了。故障原因是中央燃料箱空了。这个燃料箱是我检查过的，一定是我读错了仪表。我很纳闷，之前我的头部撞击多狠才会导致如此精力分散……

格陵兰岛

拉布拉多海无情地击打着我们，我们的船只被裹在6米高的巨浪里，如同一个小玩具。瞥一眼地图，我们发现距离格陵兰岛海岸尚有500千米，而我们的航速十分缓慢，仅为每小时12海里。安迪负责燃料和发动机系统，他通过计算发现，如果状况得不到改善，我们的燃料仅能支持到距离陆地160千米的地方，而这意味着灾难。

疲惫不堪

我们连续24小时粒米未进，持续打击意味着每个人都感觉疲惫不堪。我们的反应明显变得迟钝。我发现注意力很难集中，我十分清楚这可能是低体温症的前兆。如果我们集体患上低体温症，我们就会陷入孤立无援的真正困境。体温那么低的话，人不可能做出理性的决定或正常执行任务。

燃料蒸发

上次燃料耗尽发生之后，我们谨慎地仔细复核了仪表读值，结果不尽如人意。狂暴的海面导致我们的燃料消耗量超出预期，没人知道余下的燃料能否撑到格陵兰岛。我们被迫严肃地讨论，是继续前进还是发出求救信号等待救援。

激进决定

安迪找我提出一个节省燃料的计划——将航行速度降低至每小时8海里。起初我以为他是开玩笑。我们本来速度就很慢，降低速度意味着我们还要在波涛里待上36小时，而几乎没有任何与之搏斗的力量。但是，我知道我们的选择余地不多，要么降低速度节省燃料，要么燃料耗尽中途被困住。现在，我们能做的就是盼望并祈祷前方的洋面风平浪静。

侥幸抵达

随着时间流逝，天气转好了，海面变得风平浪静。这简直就是奇迹。很快，我们的航行速度就达到了可观的每小时22海里。安迪核实，我们还有400升燃料，还是有望到达目的地的。上午9点，经过拉布拉多海1000千米开外的洋面，我们看到了格陵兰岛的海岸。前方还有100千米之遥，不过我们最终驶入了纳诺塔利克港。此时我们感觉筋疲力尽，但也彻底放松了。出发时我们满载4000升燃料，但抵达港口时仅剩10升。这是最紧张的余量。如果风暴再持续30分钟，我们可能就到不了岸了。

啊嘿，陆地！格陵兰岛，纳诺塔利克港！格陵兰岛是世界第一大岛，其名字来自维京人——诱导入侵者远离更为青葱翠绿的冰岛。

丹麦海峡

尽管我们住的酒店只是一些波纹状建筑物，但是能美美睡上一觉，有温热的食物和热水浴还是让我们精神焕发。休息时间真是太短了。我们距离下一站还有1300千米的行程。据说这两天天气状况很好，这是个好消息。但是，丹麦海峡两天后将有超强风暴，这让我忧心忡忡。天气预报说这次风暴可能会持续三周，如果我们选择拖延，意味着我们会耽搁在格陵兰岛，届时冰期就会来临。因此，立刻出发是唯一选择，可是我们尚未恢复，另外，在48小时内我们能到达冰岛吗？

格陵兰岛的南端真是一个神奇的地方。陡峭的峡湾延伸600米，在远处与蓝天相接。

风暴突如其来

前10个小时我们穿过了美丽的克里斯蒂安王子海峡。鲸鱼偶尔浮出水面，为静谧的气氛增添了一丝情调。拉布拉多海让我们做了最坏的准备，所以我们进入丹麦海峡的时候全副武装，并努力赶在风暴来临之前通过，而现在，海面平静无风。我们接收到的天气预报称未来24—36小时内天气不错。我们已经驶出500千米，推测风暴应该在我们南方1600千米处，所以我们应该可以顺利抵达冰岛。这时，气压计读值骤然下降——几小时内，大自然母亲强迫我们竭力对付天气突变。无情的巨浪高达6米，毫不留情地向我们袭来。

喷射叶片

控制开放式硬壳充气艇绝非易事。船会与波浪强烈撞击，然后像石头一样坠落，船体另一侧也会受到严重撞击。满负荷运转的发动机发出刺耳的轰鸣声，警告我们这种折磨对于船只而言不可长久持续。我开始试着调整喷射叶片，这样可以改变从发动机出来的水流。我发现小心调整可使船首探入海中，这样一来，我们在通过前所未见的巨浪尖峰时就可以稳当一些。这一技巧可以使我们更好地控制船只。

蒲福风级

风级	风速（节）	描述	相当于公海的海洋状况
0	<1	无风	海面平如镜
1	1—3	软风	波纹粼粼，峰无飞沫
2	4—6	轻风	小波，波峰平而不裂
3	7—10	微风	大波，波峰破裂，飞沫整齐，零星白色浪花
4	11—16	和风	小浪，波长增加，明显频见白色浪花
5	17—21	清风	中浪，波长明显增加，朵朵白色浪花
6	22—27	强风	大浪，波峰白沫密集普遍，偶尔溅开
7	28—33	疾风	洪波涌起，沿着风向破峰白沫成条
8	34—40	大风	浪长高，波长增加，波峰边缘裂出浪花，飞沫明显成条
9	41—47	烈风	大浪，沿着风向飞沫密集成条，浪峰倒卷、翻腾并滚起，飞沫影响视线
10	48—55	狂风	巨浪，浪峰变长且悬空，沿着风向飞沫密集形成白条，海面发白，海面翻腾汹涌澎湃
11	56—63	暴风	惊涛骇浪（中小型船只隔浪可能偶尔不可见），飞沫形成白色长条完全遮盖海面，波峰边缘裂出飞沫，能见度受到影响
12	64—71	飓风	飞沫与白浪滔天，海面满是白色浪花，能见度严重受到影响

气力不济

我们在风暴里挣扎，寒风刺骨，浑身湿透。但是，除了竭力挺住，继续努力向前之外别无他法。随着风暴升至八级，波浪也在增高。我和米克守在舵轮旁边，告诉其他人待在“沙丁鱼罐”里面休息——我们需要他们养精蓄锐以便轮流接替掌舵工作。

恐惧 10 小时

接下来的10小时，我守在舵轮旁边。查理坚信我们必死无疑，尤其是当两股巨浪同时砸在我俩身上并将米克冲离坐垫的时候。8月8日星期五破晓时分，风暴依然在狂怒嘶吼。我感到了前所未有的恐惧，并在想我们还能承受多久的摧残。很快我们就有了答案……

网络切断

在整个行程中，我们一直与位于英国任务控制总部的团队保持联系。我们的全球定位系统意味着全世界很多人都可以实时监视我们的位置！但是现在，海水已经导致我们的电力系统崩溃。对于任何搜救人员来说，我们就像消失……或沉没了一样。我不敢想象我的妻子莎拉会怎么想；我们的所有亲人都会焦虑不安，而我们也一筹莫展。在英国国内，天气预报员为我们的团队指出了失去联系的具体地点，那正是一个黑压压的大风暴所在的位置。他们知道我们恰在风暴的中心，但是不确定我们的开放式硬壳充气艇是否已经翻船。如果已经翻船，我们就已经葬身大海。我们的亲人忐忑不安，渴盼消息。我们心力交瘁，同时努力与低体温症做斗争。我们所能做的就是以每小时18海里的速度穿越丹麦海峡，同时期望风暴最终平息。

黎明只是让我们看到可怕的风暴正在来临。

定位跟踪

美国政府1973年发射了一批全球定位卫星。20世纪80年代这一定位系统开始面向公众开放，这立即革新了全球导航方式。全球定位系统部署33颗轨道卫星，可使用其中至少3颗卫星对地球上的任何地点实施三角定位。每颗卫星发出的信号可覆盖一定范围，下图中的圆圈分别表示每颗卫星的覆盖范围。目前，全球定位系统的精确度可达30厘米！

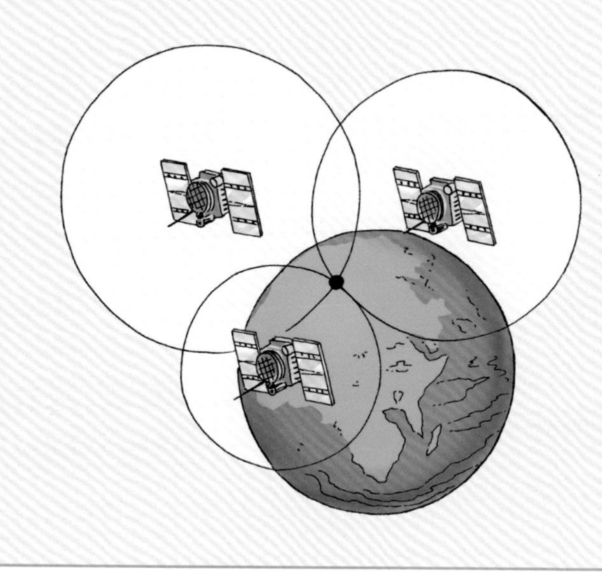

差点迷航

不仅船上设备崩溃了，我们也崩溃了。奈杰尔开始产生幻觉，并出现冻伤。我们距离冰岛还有60千米的时候，一种恐惧感笼罩了我们所有人。我们看不到前方有任何陆地的影子。难道不使用全球定位系统，我们的导航就不准了？整座岛就像消失了一样。我们开始认为我们明显偏离了航线。我们知道，这种情况一旦发生是无法挽回的。距离海岸5千米的时候，我们终于看到了陆地！另外，奈杰尔兴奋地把他的手机塞到我手里——向我示意他收到了信号。我们再次与团队取得了联系，可以让我们的团队知道我们安然无恙！

贝尔的话

手机已经成为与外界保持联系的必要设备。外出旅行时，务必查明当地紧急救助电话。全球各地紧急救助电话各不相同。

冰岛首都雷克雅未克——世界最靠北的首都城市。

领略冰岛风光

我们来到雷克雅未克的瞬间，顿时有一种如释重负的感觉。这里作为首都并不算大，但城市建设得十分美丽，同时，我们发现这里的民众热情慷慨而且十分谦虚。我们得以修理设备，并进行迫切需要的休息。然而，归心似箭的我们都渴望立即再次出发。

最后一站

距离法罗群岛尚有800千米，但是至少这里的天气预报准确很多。麻烦的是这一区域被七级大风笼罩，好消息是周末将会风停。所以，我们盘桓了几日，然后怀着复杂的心情再次出发——既紧张又有即将到家的欣喜。

离开雷克雅未克的时候我们使用小油门，以便到南部海岸时加速行驶，并在韦斯文尼查岛补充燃料。韦斯文尼查岛是个十分美丽的天然港口，属于韦斯特曼纳群岛。

贝尔的话

海豚以驱赶鲨鱼以及拖曳溺水的游泳者至浅滩而著名。尊重哺乳动物朋友，你将会得到回报。

海员之友

海豚在船首的波浪里嬉戏被视为吉兆。离开冰岛的时候我们带上了大自然的祝福。

法罗群岛，苏格兰——胜利在望！

我们断定最危险的时刻已经过去，在回家的最后一段路程中，我们尽力保证安全。海面如镜，碧空无云，夜间我们还可以尽情欣赏壮丽的流星雨。我们遭遇了阵雨，抵达法罗群岛首府托尔斯港之时雨势已经十分猛烈。但是我们毫不在意，因为我们回到了陆地，离家也更近了！

法罗群岛是归属于丹麦的美丽群岛，位于苏格兰西北方300千米的海域。

约翰奥格罗茨位于英国的北端，也是我们的终点站。

驶向苏格兰

我们驶往约翰奥格罗茨的时候恰好顺着洋流方向，速度达到了每小时25海里。距离苏格兰仅有100千米了，我们的兴奋心情更加高涨。就在此时，发动机熄火了，我们面面相觑，在船上无助地颠簸。在长达12分钟的时间里，安迪心急火燎地修理发动机，而我在一旁思忖：马上就到终点站了，为何发动机会在这个节骨眼熄火？最终安迪成功使发动机仓促地重新运转起来……我们也重新出发！

回到苏格兰

看到苏格兰，我们的精神为之一振。我们计划先非正式登陆金洛赫，在此过上一晚并与英国国内团队会合，然后沿着海岸正式抵达位于约翰奥格罗茨的终点线。任何探险成功归来之际都有这种恍惚状态，作为冒险行动与家人团聚之间的插曲。这可能持续几天，但是最终回到现实世界，我们的队员也会各奔东西。然而，我们共同经历的非凡冒险将成为我们永远难忘的回忆。

贝尔的话

我们为何选择进行如此惊悚的冒险？因为挑战和兴奋是无法抗拒的……但是，回家的感觉是我们的最终目标！

胜利了！庆祝航行壮举圆满结束时，我们无法抑制激动的心情！

海尔达尔 | 乘仿古木筏，远航太平洋

为了证明波利尼西亚人来自南美洲秘鲁的说法，海尔达尔决定驾驶自制的仿古木筏，从东向西跨越太平洋。海尔达尔在做了充分的航行准备后，靠着洪堡洋流的推动，利用没有安装发动机的木筏，顺风漂入太平洋。一路上，他会遭遇什么奇形怪状的海洋生物，经历什么样的惊险时刻呢？

重现历史

詹姆斯·库克发现太平洋上广阔的波利尼西亚地区居住着单一民族以后，科学家曾经猜测波利尼西亚岛民的起源。他们来自哪里？他们何时以及为何背井离乡？他们怎样穿越了浩渺的世界第一大洋？现在，人们普遍认为，他们是几千年前从东南亚迁徙至太平洋的，大约在公元1200年前后分别抵达了波利尼西亚大三角的顶端——夏威夷、复活节岛和新西兰。但是在20世纪30年代末期，年轻的挪威科学家托尔·海尔达尔发现的证据表明，波利尼西亚人实际上来自南美洲的秘鲁。第二次世界大战期间曾在挪威抵抗军服役的托尔·海尔达尔，战后决定驾驶轻质木筏从东向西穿越太平洋，从而证明这一理论。

航行准备

托尔·海尔达尔将要沿着他所认为的数百年前波利尼西亚人采用的路线航行。他将从秘鲁出发，穿越世界第一大洋，抵达拉罗亚环礁区域的一座荒岛。太平洋的主要洋流就像两个转动的巨轮。在穿越太平洋之前，托尔·海尔达尔需要赶上南赤道洋流。

理论依据

托尔·海尔达尔提出秘鲁人迁居波利尼西亚地区的理论有三大依据。第一，太平洋上海风和洋流都是由东向西运动，这使得从美洲迁徙成为可能，而反方向迁徙不太可能。第二，甘薯是波利尼西亚人的主食之一，而甘薯是美洲的本土作物，只能从美洲带到波利尼西亚群岛。第三，托尔·海尔达尔认为，波利尼西亚地区和南美洲的古老文化存在十分相似之处。

贝尔的话

托尔·海尔达尔的自然情怀和科学发现得益于他的母亲——他母亲拥有一个博物馆。

乂 贝尔的话

其他欧洲探险家试图向全球各地推广欧洲人的生活方式，而托尔·海尔达尔不同，他只是想通过与当地居民一起生活来了解不同的文化。

大胆试验

16世纪生活在秘鲁的西班牙人已经看到印加人驾驶轻质大木筏沿着海岸活动。托尔·海尔达尔认为这些木筏可以在远洋航行中幸存下来，并决定证实这一点。

前印加时代的巨石柱

一个前印加时代的传说讲述了康提基——从玻利维亚被驱逐至大海的太阳神的故事。波利尼西亚人的传说将太阳神康提基认作他们的先人。

伐木造筏

托尔·海尔达尔建造木筏需要从厄瓜多尔的高地森林中砍伐12棵巴尔沙树。每根原木重约1吨，并按照“之”字形剥去树皮，这是仿效印加人的古老方法。

复活节岛的石像

复活节岛石像的来源不得而知，但是与秘鲁及玻利维亚的石像十分相像，因此托尔·海尔达尔将其视为波利尼西亚群岛的第一批居民来自美洲的证据。

水运原木

这些原木被捆成两个木筏，并顺流而下漂流数百千米，来到卡亚俄的海岸。在这里，一个严格仿古的木筏被制造出来了，长约13.7米，宽约5.5米。

这一巨大的矩形风帆是木筏的唯一推力工具，它由两根捆扎在一起的桅杆撑起。船员们通过练习学会了如何驾驶木筏。

顺风漂流

木筏被命名为“康提基号”，得名于前印加文明的太阳神。埃里克·赫塞尔伯格是船上成员之一，他在风帆上绘了太阳神的面部肖像。“康提基号”木筏使用的所有建造材料都是古代人所能使用的。尽管出于安全考虑，船上携带了无线电设备和导航工具，但是木筏没有安装发动机，只能凭借海风和洋流完成非同寻常的8000千米的太平洋航行。1947年4月28日，秘鲁海军将木筏拖进海里。木筏距离陆地90千米的时候与拖船切断联系，开始独立行驶。最初，洪堡洋流推动木筏沿着秘鲁海岸漂移。洪堡洋流是从南极向北运动的秘鲁寒流。最终，他们赶上了向西运动的南赤道洋流，借着信风开始向西驶入太平洋。

掌舵不易

木筏尾部的方向舵长达5.8米，使用红树木料做成。这种木料极其坚实，但也十分笨重，因此为木筏掌舵十分耗费体力。为了便于操纵，船员们为船舵安装了横梁。

船舱内部

起居室是一个狭小、拥挤的竹制船舱。每个人都有容纳私人物品的小包厢。本特·丹尼尔松除了73册书籍什么都没带。他几乎每本都读了一遍。

贝尔的话

船员们每天借助太阳和星星确保航线和位置正确。“康提基号”在太平洋航行的速度很慢，比步行快不了多少，但是很稳。

捕捉鲨鱼

船员们捕捉丰富多样的鱼类摆上餐桌。他们甚至捕捉经常接近木筏的鲨鱼。船员们使用一些诱饵诱惑鲨鱼，当鲨鱼离开的时候，就抓住鲨鱼的尾巴。一旦抓住尾巴，就可以将鲨鱼拖上甲板。船员们要确保自己不掉进鲨鱼的嘴里。5月24日出现了一只“海洋怪兽”，这是一只鲸鲨，有着6000万年历史的以浮游生物为食的庞大物种。尽管鲸鲨无害，但是可能会无意中破坏木筏。

成功登陆

1947年8月7日，经过101天的海上航行，他们最终抵达了拉罗亚环礁地区的一个荒岛。“康提基号”以每小时1.5海里的平均速度航行了8000千米。曾有一股巨浪将“康提基号”卷到一个暗礁上，这次航行险些以灾难告终。尽管木筏受损了，但是完美证明了古老造船术的强大。托尔·海尔达尔及其同伴未能证明秘鲁迁徙理论，但是他们证明了类似的航行是可能的。现代基因学和语言学研究结果表明，海尔达尔的理论是错误的，但是它吸引了全世界的注意力。继“康提基号”之后，很多人尝试复制古老的海上航行。1979年，托尔·海尔达尔本人驾驶“太阳神二号”（Ra II）跨越大西洋。这只船是用（埃及）纸莎草制造的，表明古代埃及人可能曾抵达美洲大陆。

贝尔的话

托尔·海尔达尔继续航行并研究不同国家和地区的植物、动物、民众和文化，直到垂暮之年。

到达陆地

大风妨碍了他们登陆，但是他们最终到达了土阿莫土群岛附近的拉罗亚环礁。出于对法国的敬意，“康提基号”在桅杆上升起了法国三色旗。

神秘物种

一天晚上，船舱里有个冰冷的、湿漉漉的家伙不断扑棱身体的声音惊醒了船员。当时他们无法识别，事实上这就是蛇鲭鱼，这是有记录以来人类第一次亲眼看到这种活着的深海鱼种。

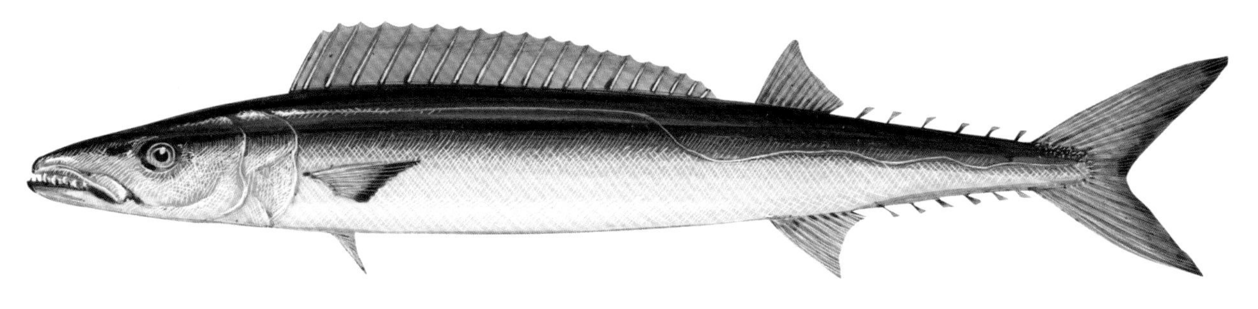

《孤筏重洋》

1950年，托尔·海尔达尔出版《孤筏重洋》一书。次年，以这次海上航行为题材的电影也荣获奥斯卡最佳纪录片奖。尽管托尔与“康提基号”有着无法割舍的联系，他的10部著作却是关于古人起源与航行的，且这些书被译成70多种语言，售出6000万册。

贝尔的话

托尔·海尔达尔的孙子奥拉夫·海尔达尔于2006年沿着同样路线进行了一次航行，比托尔·海尔达尔晚了近60年。

掌舵方法

船员们发现，通过升高或降下木筏下方的中插板可以改变航道。然而，他们宁愿使用船舵。如果船舵扎牢，可以稳定地沿航道连续行驶几天。

船员使用固定船舵的方法已经有数百年的历史了，甚至古代埃及人的船只就已经使用了。

“康提基号”

1950年挪威奥斯陆开放了一座特别博物馆，展出了很多托尔·海尔达尔完成太平洋航行壮举所使用的物件，其中最大的亮点是“康提基号”。这个木筏完成太平洋航行之后被运回了挪威。

奇切斯特 | 驾驶游艇，独自环球航行

64岁且身患癌症的奇切斯特，为了实现沿着古老的快帆船路线环球航行的梦想，孤身一人驾驶着他的双桅纵帆船，挑战在100天里从普利茅斯航行到悉尼。不利的风向，自动转向工具遭到近乎灾难性的损坏……他还能完成这项自我挑战吗？

开赴大海

1966年，64岁且身患癌症的弗朗西斯·奇切斯特单独驾驶他的双桅纵帆船“吉卜赛蛾”四号环球航行从而轰动全球。大约40年前，弗朗西斯·奇切斯特试图单独驾驶飞机环球飞行，当时他驾驶吉卜赛蛾式双翼机历时19天从英国飞到悉尼，但之后在日本紧急降落。1958年他参加海洋游艇比赛，并于1960年驾驶“吉卜赛蛾”二号赢得第一个单独跨越大西洋的竞赛。两年后，他驾驶“吉卜赛蛾”三号再次参赛并将所用时间缩短了7天，但在这次比赛中屈居亚军。“吉卜赛蛾”四号的建造初衷就是实现弗朗西斯·奇切斯特沿着古老的快帆船路线环球航行的梦想。他的自我挑战是单独驾驶游艇在100天内从普利茅斯航行到悉尼，而这正是一艘快帆船——大型横帆船——行驶同样路程所需要的时间。

单独驾驶游艇

在弗朗西斯·奇切斯特之前已经有9人先后单独驾驶游艇完成环球航行。但是，奇切斯特完成如此漫长的连续航行的速度是其他人的两倍。奇切斯特也是跨越所有子午线、“真正”完成周游世界的第三人。

吉卜赛蛾式飞机

弗朗西斯·奇切斯特第一次单独环球航行的尝试是在1929年驾驶飞机环球飞行。他在飞机上安装了浮舟，以便在太平洋的水面降落。此次飞行以在日本紧急降落而告终。

借助西风和洋流

弗朗西斯·奇切斯特沿着库克船长最先开辟的航线，由西向东先后经过好望角和合恩角，以便借助主导风向和洋流。

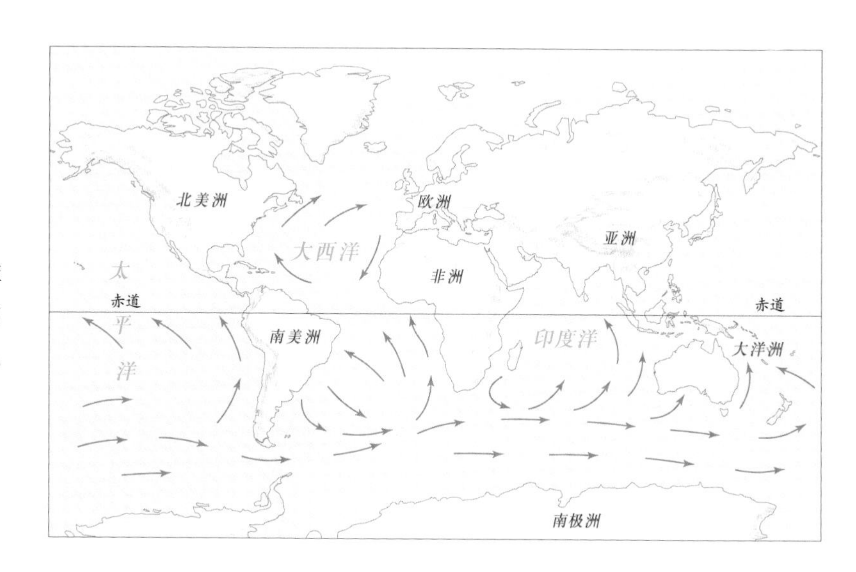

“吉卜赛蛾”四号技术参数

长度：16米

宽度：3.2米

吃水深度：2米

设计师：约翰·伊林沃斯和安格斯·普里姆罗斯

造船厂：坎珀-尼科尔森

“吉卜赛蛾”四号是为弗朗西斯·奇切斯特的环球航行专门设计的，速度超快，船体狭长，铺设一个燕尾式龙骨。这是一艘“易倾斜”的船，试水的时候，在六级风（40—50千米/时）的情况下倾斜度达到80°。为了防止倾斜，龙骨上附加1090千克的铅，但是作用有限。

风帆规划

作为一艘双桅纵帆船，“吉卜赛蛾”四号携带10张风帆——从55.7平方米的大三角帆到8.8平方米的风暴支索帆不等。根据环境更换风帆，这一做法为弗朗西斯·奇切斯特提供了广泛选择。但是，他发现频繁更换风帆会消耗很多体力。

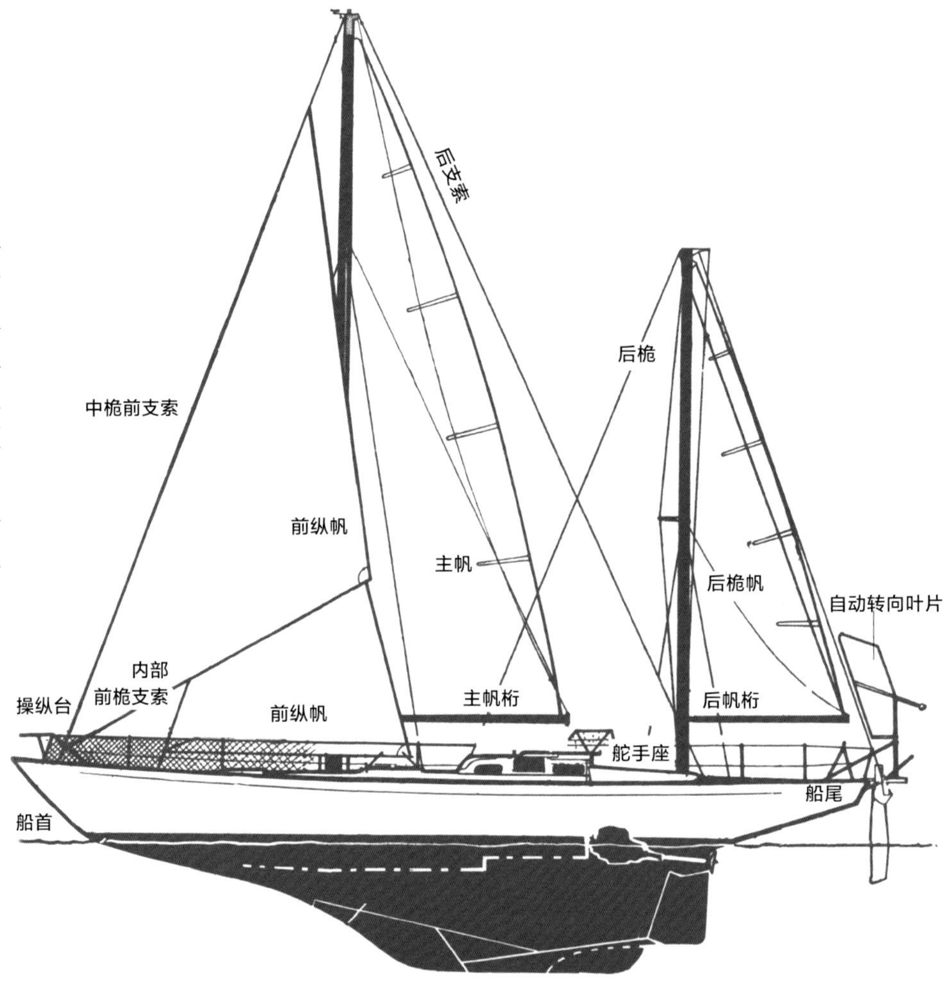

离开格林尼治

1966年8月12日，弗朗西斯·奇切斯特驾驶“吉卜赛蛾”四号离开伦敦塔码头，沿着英吉利海峡驶往普利茅斯，同行的还有他的亲友。8月27日，他的单独环球航行从普利茅斯正式出发。

“卡蒂萨克号”

最著名的快帆船莫过于“卡蒂萨克号”（下图），其充满传奇色彩的航行史诗正是弗朗西斯·奇切斯特所要挑战的目标。“卡蒂萨克号”的处女航是在1870年，1954年它被永久放置在英国格林尼治的干船坞。

贝尔的话

“卡蒂萨克号”在服役期间的航行里程达到175万千米，相当于在月球与地球之间往返两次半。

从英格兰到悉尼

经历了准备阶段和出发时刻的紧张与压力，来到海面的弗朗西斯·奇切斯特犹如脱笼之鸟。然而他很快发现，尽管“吉卜赛蛾”四号航速很快，但是的确难以操纵。船上带有10张不同大小的风帆，但是频繁更换风帆很快就使弗朗西斯·奇切斯特筋疲力尽了。弗朗西斯·奇切斯特既不是天生的飞行员，也不是天生的海员，但他是出色的航海家。他需要最大限度地利用风向和洋流，以便白天和黑夜都保持每小时6海里的平均速度，从而在100天内抵达悉尼。经过52天的航行，他已经走过了到达悉尼的总航程（25930千米）的一半，并以乐观的心态进入了印度洋。不利的风向，以及自动转向工具遭到近乎灾难性的损坏，导致他的速度减慢。但是，1966年12月12日，经过107天的海上航行，弗朗西斯·奇切斯特最终进入了悉尼港。

海上生活

弗朗西斯·奇切斯特“全副武装”在海上庆祝他的65岁生日：男用便服、崭新的裤子和黑色的鞋子。他已经在海上待了三周，一切顺利。据他描述，这是一个“奇妙的夜晚”，相对于他已经渐渐习惯的海上生活而言是一个例外。几小时后，一阵狂风吹得“吉卜赛蛾”四号向他所在的一侧倾斜，差点造成灾难。

保持正确航向

弗朗西斯·奇切斯特每天使用六分仪和精密计时器确定所在位置，这是18世纪以来的传统方法。他两次打破单独驾船的周里程纪录，且都超出纪录160千米。

暂时将就

刮胡修面这样简单的事情在海上也十分困难，因为当船体倾斜的时候，弗朗西斯·奇切斯特无法使用船首厕所（盥洗间）里面的镜子。于是，他只能使用船舱里面的手镜和便桶。

悉尼修船

弗朗西斯·奇切斯特在悉尼受到了热烈欢迎。经过100多天的海上航行，“吉卜赛蛾”四号亟须修理。悉尼皇家游艇中队慷慨地允许奇切斯特使用他们的设施。悉尼皇家游艇中队未能成功说服奇切斯特中止环球航行，于是对船只进行整修。弗朗西斯·奇切斯特满怀感激地在日记中写道，他“从未见过如此快速、高效的修船工作”。

鼓帆前进

1967年1月29日，在这个星期天，弗朗西斯·奇切斯特驾船驶出悉尼港，之前他接到电话，告诉他已经被封爵。

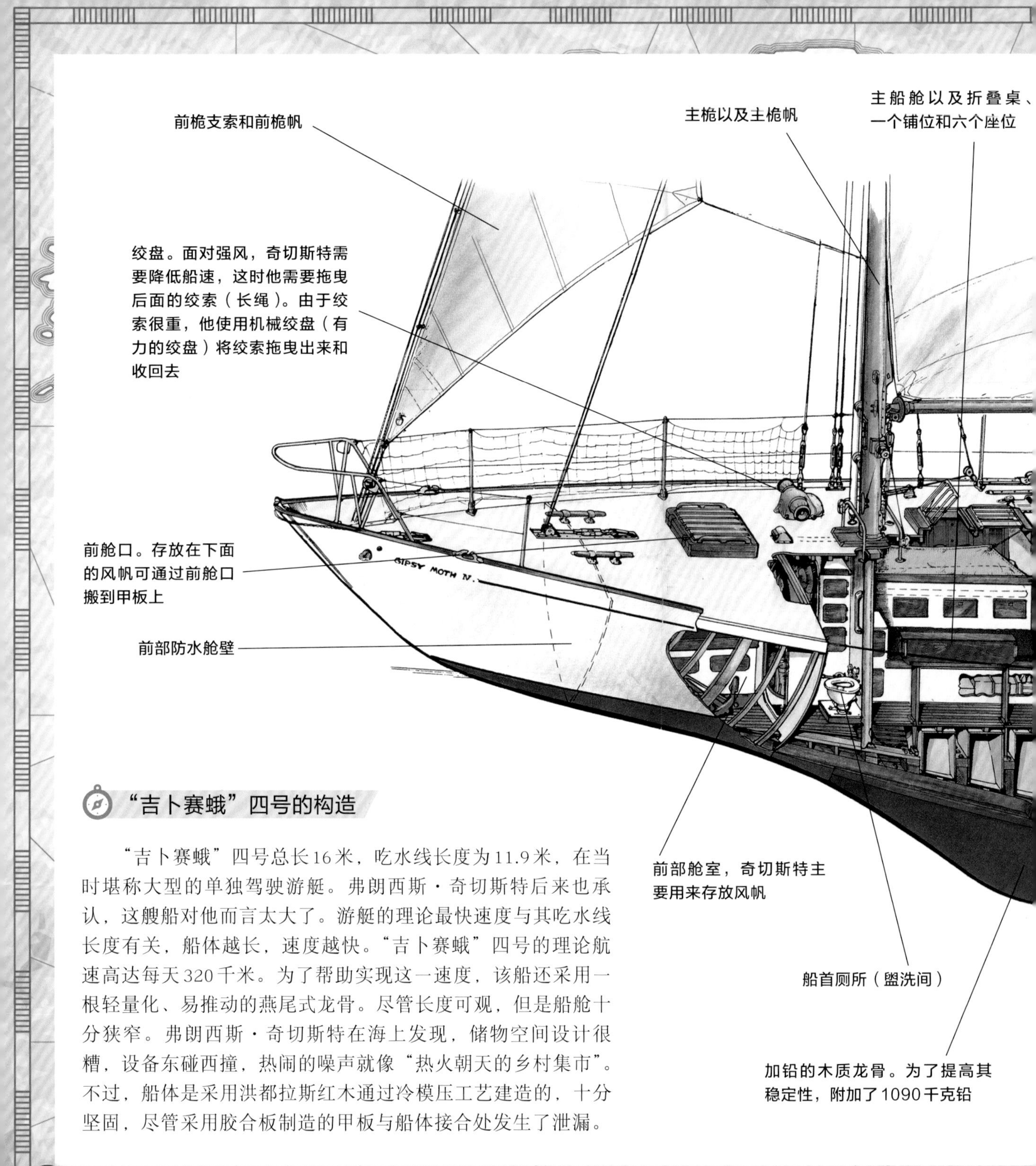

“吉卜赛蛾”四号的构造

“吉卜赛蛾”四号总长16米，吃水线长度为11.9米，在当时堪称大型的单独驾驶游艇。弗朗西斯·奇切斯特后来也承认，这艘船对他而言太大了。游艇的理论最快速度与其吃水线长度有关，船体越长，速度越快。“吉卜赛蛾”四号的理论航速高达每天320千米。为了帮助实现这一速度，该船还采用一根轻量化、易推动的燕尾式龙骨。尽管长度可观，但是船舱十分狭窄。弗朗西斯·奇切斯特在海上发现，储物空间设计很糟，设备东碰西撞，热闹的噪声就像“热火朝天的乡村集市”。不过，船体是采用洪都拉斯红木通过冷模压工艺建造的，十分坚固，尽管采用胶合板制造的甲板与船体接合处发生了泄漏。

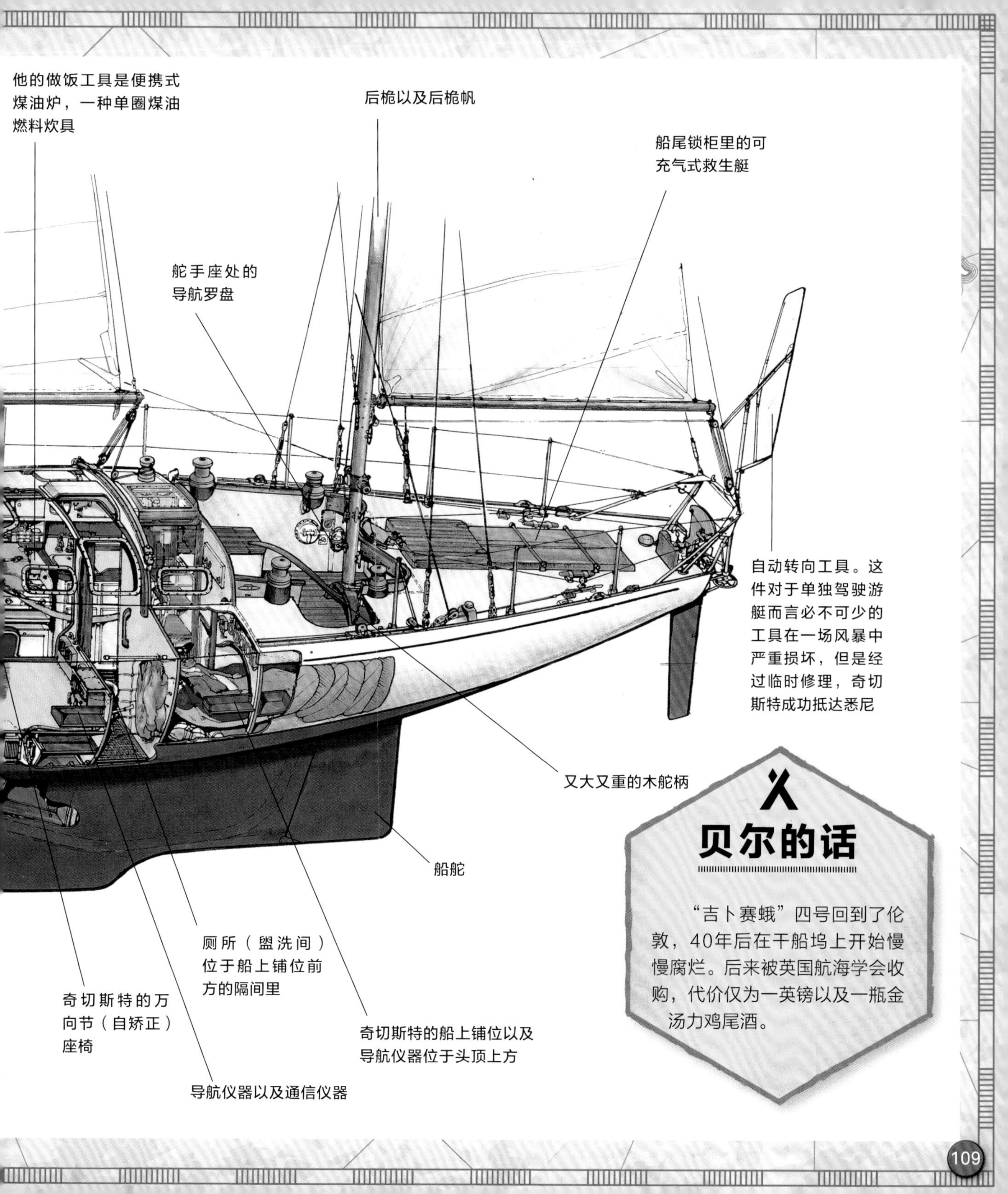

贝尔的话

“吉卜赛蛾”四号回到了伦敦，40年后在干船坞上开始慢慢腐烂。后来被英国航海学会收购，代价仅为一英镑以及一瓶金汤力鸡尾酒。

从澳大利亚到普利茅斯

弗朗西斯·奇切斯特跨越塔斯曼海的时候遇上了热带气旋。出发的当晚热带气旋就出现了，“白色的浪花在夜幕下就像巨大的怪兽”——弗朗西斯·奇切斯特在日记中如此写道。第二天晚上，“吉卜赛蛾”四号翻船了，不过后来正过来了。这一意外令奇切斯特恐惧万分，对绕过合恩角充满担心，但是他毅然决定继续前进。3月20日，他绕过了合恩角，当时风力高达每小时50海里，同时还有记者乘坐小型飞机在上空观察。“吉卜赛蛾”四号随后向北行驶。赤道无风带的航行条件不尽如人意，但是之后返回英格兰的途中速度很快。1967年5月29日，奇切斯特抵达普利茅斯并受到人们的热烈欢迎。7月，弗朗西斯·奇切斯特驾驶“吉卜赛蛾”四号沿着英吉利海峡和泰晤士河抵达格林尼治，在那里接受伊丽莎白二世的封爵。此后，“吉卜赛蛾”四号被放在“卡蒂萨克号”旁边长期展示。“吉卜赛蛾”四号静静地待在那里，直到2005年经过整修并进行第二次环球航行。

离开悉尼港

“吉卜赛蛾”四号离开悉尼港的时候有一些亲戚朋友随行，还有若干支持者另外驾驶小船随行。到了悉尼港海角，随行人员下船了，弗朗西斯·奇切斯特再次开始孤军奋战。

抵达普利茅斯

弗朗西斯·奇切斯特的环球航行吸引了人们的注意力。1967年5月29日，成千上万的民众拥向普利茅斯，热烈欢迎奇切斯特胜利归来。五艘海军船——其中一艘是航空母舰——在距离港口350千米的地方进行迎接，“吉卜赛蛾”四号进入港口的时候有一支小型船队护送。

加封爵位

弗朗西斯·奇切斯特被伊丽莎白二世加封为爵士。此后直到1972年去世的五年里，他还获得了很多其他奖励和荣誉。

贝尔的话

当被问及这次环球航行的原因时，弗朗西斯·奇切斯特回答说：“因为航行使生活富有激情。”——这是真正的探险精神！

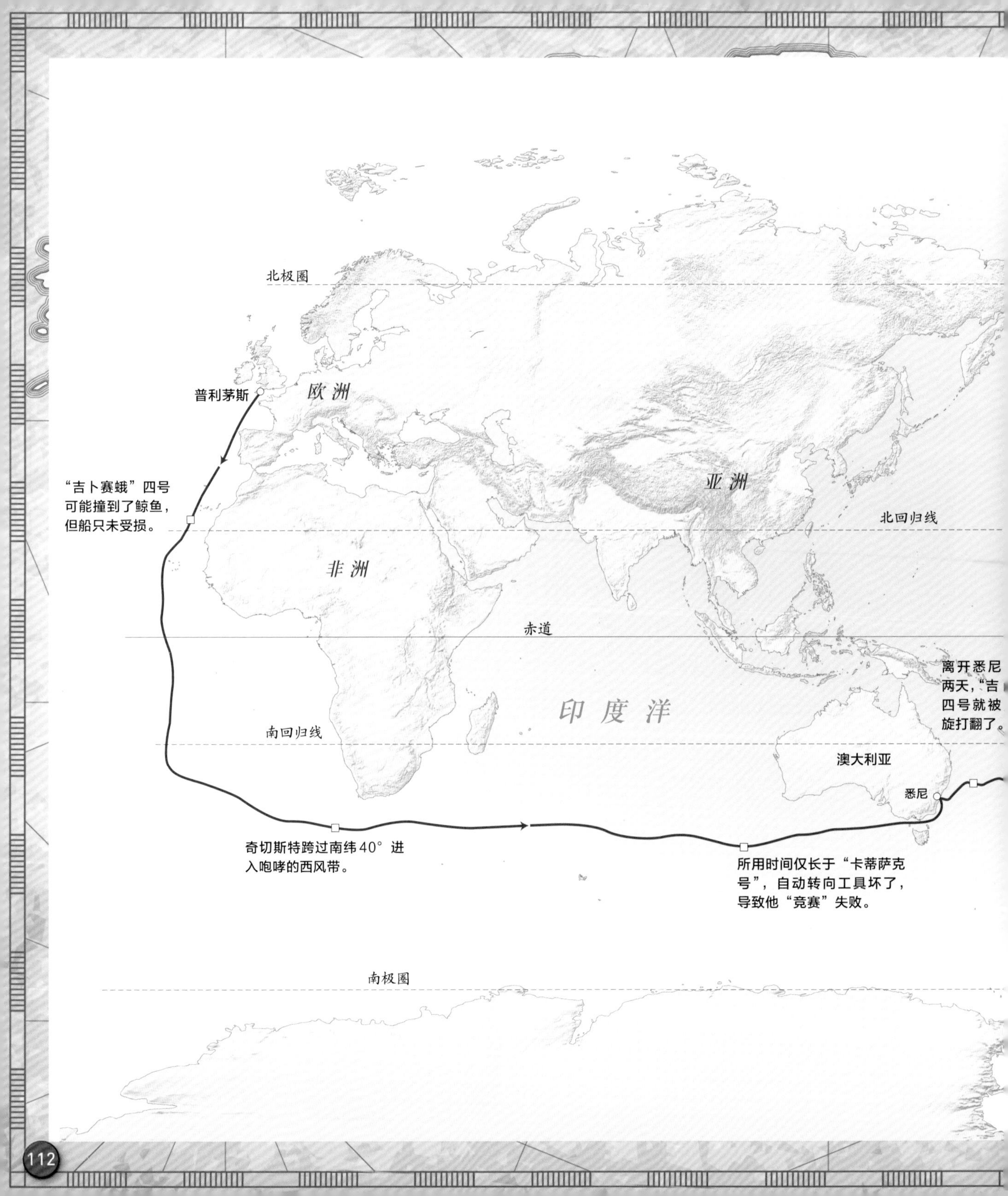
北极圈
普利茅斯
欧洲
“吉卜赛蛾”四号
可能撞到了鲸鱼，
但船只未受损。
亚洲
北回归线
非洲
赤道
离开悉尼
两天，“吉
四号就被
旋打翻了。
印度洋
南回归线
澳大利亚
悉尼
奇切斯特跨过南纬40° 进
入咆哮的西风带。
所用时间仅长于“卡蒂萨克
号”，自动转向工具坏了，
导致他“竞赛”失败。
南极圈

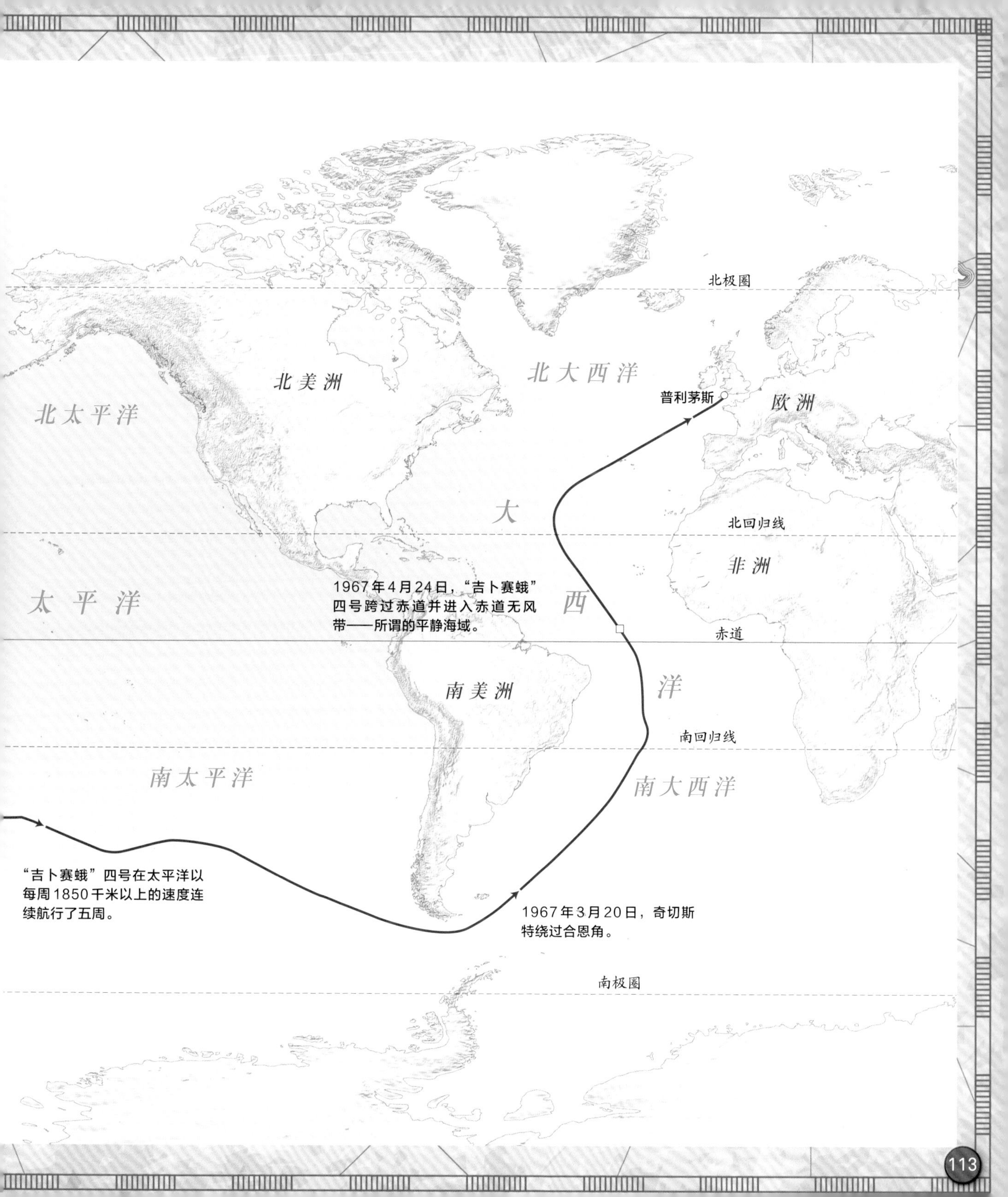
北极圈
北美洲
北大西洋
普利茅斯
欧洲
北太平洋
大
北回归线
非洲
1967年4月24日，“吉卜赛蛾”四号跨过赤道并进入赤道无风带——所谓的平静海域。
太平洋
西
赤道
南美洲
洋
南回归线
南太平洋
南大西洋
“吉卜赛蛾”四号在太平洋以每周1850千米以上的速度连续航行了五周。
1967年3月20日，奇切斯特绕过合恩角。
南极圈

图片来源

1 YashO; 2 Bear Grylls Ventures; 3 Bear Grylls Ventures; 4t Bjorn Landstrom, c Andrew Watson, b Library of Congress; 5t Bear Grylls Ventures, c Archive Photos, b Keystone; 8 Bjorn Landstrom; 9tl Everett Historical, tr Bjorn Landstrom; 12t Gabor Kovacs Photography , cr Konstantinos Metzitakos, b TheOldhiro; 13t Algol, c Hulton Achive, b Ekaterina Pokrovsky; 15c I Am Vivify; 16l Aleksandar Todorovic, r DeAgostini; 20 DeAgostini; 21t DeAgostini, b Hultve; 22 DeAgostini; 23 Georgios Kollidas; 24 Robert W. Nicholson; 25 Science & Society Pictue Library; 27 Universal Images Group; 28 Stanislav Fosenbauer; 29tr geraria, tl Morphart Creation, c Universal Images Group, b DeAgostini; 30 DeAgostini; 31t Martin Maun, tr Andrew Watson, b The Sydney Morning Herald; 34l Universal History Archive, r Time Life Pictures; 35tl Universal Images Group, tr Florilegius, b Florilegius; 36 Hulton Archive; 37tr David Messent, cl Historical Picture Archive, br Science & Society Picture Library; 38 Hulton Archive; 39tr Heritage Images, cl Ullstein Bild, cr Corbis Historical, bl Science & Society Picture Library; 41 Universal Images Group; 44 Jo Crebbin' 46t Topical Press Agency, c Scott Polar Research Institute; 47c Vladyslav Raievskyi, b Scott Polar Research Institute; 48-49 Scott Polar Research Institute; 51t Scott Polar Research Institute, vrihu, br Scott Polar Research Institute; 52 George Rinhart; 53tr Scott Polar Research Institute, tl Scott Polar Research Institute; 54 Hulton Archive; 56 Library of Congress; 57t Scott Polar Research Institute, b Stephen Lew; 58t Scott Polar Research Institute, c The Life Picture Collection; 59t Mark Ralston, c Scott Polar Research Institute; 60b YashO; 61t ValerieVSBN, ct ValerieVSBN, cb ValerieVSBN, b MZPHOTO. CZ; 62b Alexey Seafarer; 63t Robert McGillivray; 64c Robert McGillivray; 65t Scottch Institute, c Nigel Pavitt; 68 Bear Grylls Ventures; 69b Margorzata Litkowska; 70 Bear Grylls Ventures; 71 Anton Ivanov; 74 SF photo; 75c Oksana.perkins, b Sean Xu; 76 stbar1864; 77t Andrey Polivanov, c Joe Clemson; 78 TCYuen; 79 Richard Cumming; 80 emperorcosar; 82 UMB-O; 84 StockWithMe; 85t Tommy Larey, b Dai Mar Tamarack; 86c Anette Andersen, b MORENO01; 87 Bear Grylls Ventures; 90 Archive Photos; 92t Sverre A. Borretzen, bl Ullstein Bild, br Anna Galchenko; 93t Tracy Immordino, bl Gabor Kovacs Photography; 94 Ullstein Bild; 95t Archive Photo, b Ulstein Bild; 96 Tweith; 97t Universal Images Group, c Hulton Archive, b ENcyclopedia Britannica; 98t Rebecca Hale, bl Ullstein Bild, br Universal Images Group; 99tl Archive Photos, tr Dorling Kindersley, b Ullstein Bild; 102 Cristian Dobrescu; 103t Keystone, c Fox Photos; 105t McCabe, b JJFarq; 106 Bettmann; 107t Terrence Spencer, b Popperfoto; 110 Hulton Archive; 111t Popperfoto, c Terrence Spencer, b Hulton Royals Collection

桂图登字：20-2016-331

图书在版编目（CIP）数据

去航海 / (英) 贝尔·格里尔斯著 ; 黄永亮译 . — 南宁 : 接力出版社 , 2019.7
(贝尔探险智慧书)
ISBN 978-7-5448-6050-5

Ⅰ. ①去… Ⅱ. ①贝… ②黄… Ⅲ. ①探险－世界－少儿读物 Ⅳ. ① N81-49

中国版本图书馆 CIP 数据核字（2019）第 060849 号

责任编辑：杜建刚　朱丽丽　　美术编辑：林奕薇　　封面设计：林奕薇
责任校对：张琦锋　　责任监印：刘　冬　　版权联络：王燕超
社长：黄　俭　　总编辑：白　冰
出版发行：接力出版社　　社址：广西南宁市园湖南路9号　　邮编：530022
电话：010-65546561（发行部）　传真：010-65545210（发行部）
http：//www.jielibj.com　　E-mail：jieli@jielibook.com
经销：新华书店　　印制：北京华联印刷有限公司
开本：889毫米×1194毫米　1/20　　印张：5.8　　字数：50千字
版次：2019年7月第1版　　印次：2019年7月第1次印刷
印数：0 001—8 000册　　定价：58.00元

本书中的所有图片均由原出版公司提供
审图号：GS（2019）1782 号